博士论丛

传统建筑装饰与空间的度量关系研究
以徐州市为例

Research on Measure Relationship
between Traditional Architecture Ornament and Space:
A Case Study of Xuzhou

滕有平　著

中国科学技术大学出版社

内 容 简 介

本书基于对徐州市 25 座传统院落、240 余栋单体建筑的实地测绘与拍摄，结合历史文献与访谈资料，运用相关学科理论，采用分类与定量研究方法，对建筑装饰与空间的度量关系进行了重点研究，论证它们之间存在的相互制约、相互促进的耦合关系。本书有别于基于艺术或文化价值的传统研究角度，立足于空间视角，运用几何学、建筑学、形态学与文化学等理论与方法，从建筑装饰与院落空间的空间秩序，与院内空间的空间体量，与建筑立面的度量关系，研究其空间位置意义。本书可供高校艺术设计、建筑设计及其他设计专业学生及研究人员参考使用。

图书在版编目(CIP)数据

传统建筑装饰与空间的度量关系研究：以徐州市为例/滕有平著. —合肥：中国科学技术大学出版社，2021.8

ISBN 978-7-312-05085-5

Ⅰ.传… Ⅱ.滕… Ⅲ.古建筑—建筑装饰—建筑艺术—关系—建筑空间—空间规划—研究—徐州 Ⅳ.①TU-092.2 ②TU-024

中国版本图书馆 CIP 数据核字(2021)第 043828 号

传统建筑装饰与空间的度量关系研究：以徐州市为例
CHUANTONG JIANZHU ZHUANGSHI YU KONGJIAN DE DULIANG GUANXI YANJIU: YI XUZHOU SHI WEILI

出版	中国科学技术大学出版社
	安徽省合肥市金寨路 96 号，230026
	http://press.ustc.edu.cn
	https://zgkxjsdxcbs.tmall.com
印刷	合肥华苑印刷包装有限公司
发行	中国科学技术大学出版社
经销	全国新华书店
开本	710 mm×1000 mm　1/16
印张	12
字数	249 千
版次	2021 年 8 月第 1 版
印次	2021 年 8 月第 1 次印刷
定价	58.00 元

前　　言

　　徐州是一座拥有 2500 多年历史的文化名城,具有深厚的汉文化底蕴。由于地处南北交界,加上社会文化、经济及战争因素,其地面遗存的传统建筑装饰具有多元融合的形式特征,蕴含了丰富的文化信息。本书基于对徐州市 25 座传统院落、240 余栋单体建筑的实地测绘与拍摄,结合历史文献与访谈资料,运用几何学、建筑学、形态学与文化学等相关理论,采用分类与定量研究方法,对建筑装饰与空间的度量关系进行重点研究,论证它们之间存在一种相互制约、相互促进的耦合关系。

　　本书基于传统建筑装饰的特性,对徐州传统民居建筑装饰产生的背景进行简要梳理,对其形式进行论证,提出其装饰纹样的特点——以图像为主,其他纹样为辅,具有饱满式构图、图案化手法及古朴浑厚工艺的特点。并且通过与周边传统民居建筑装饰的横向对比研究,提出了其造型源泉——或源于传统文化元素,或源于南北风格融合,或源于徽晋传统装饰风格。

　　本书重点从宏观、中观与微观三个层面论证建筑装饰与空间的耦合关系。

　　宏观上,建筑外部空间——院落空间与建筑装饰之间存在耦合关系。通过对三类院落的入口、前院及内院分布的建筑装饰的种类与数量分析,首先提出了不同院落的建筑装饰的布局规律:官邸式院落具有丰富而庄严的入口、屋顶与立面形式丰富的前院、装饰少但等级明显的内院空间;居住式院落具有简洁而严肃的入口、立面形式丰富的前院、装饰少且缺乏差异的内院空间;商居式院落具有注重精神尺度的入口、立面形式简洁与丰富并存的前院、缺乏装饰的内院空间。从而体现了院落的场所特性对建筑装饰的布局具有限定作用。接着,通过对独立性装饰构件的体量分析,发现其与所处环境形成正比关系。进而得出院落空间与建筑装饰之间存在耦合关系。

中观上,内部空间与建筑装饰之间存在耦合关系。徐州传统民居的堂屋与多数客厅采用金字梁结构,其内部空间狭小,建筑装饰布局与家具摆设与徽州及江南传统民居的厅堂布局相似度高。堂屋突出"敬祖奉天"的功能,而客厅强调"接人待物"的功能。通过细致的数据分析,发现内部空间与建筑装饰及家具之间存在限定关系。另外,由于金字梁结构独特,有异于其他地区传统民居的梁架结构。通过数据分析,发现梁架与建筑的平立面之间存在一定的耦合关系。

微观上,建筑立面与建筑装饰存在耦合关系。通过分类研究,各建筑立面上的建筑装饰为对称式布局,并形成了以"点"为主和以"面"为主的立面效果。其中官邸式建筑立面的建筑装饰形成以"点"为主的效果,一般性建筑立面的建筑装饰形成以"面"为主的效果。立面上的众多建筑装饰并非随意布置,而是以黄金分割矩形、$\sqrt{5}$矩形以及等腰三角形为构图法则,并统一于整体立面之中。通过数据定量分析,发现位于立面上的建筑装饰的尺寸受建造与立面构图的限定,并在官方相关规定范围内有小幅调整。

本书有助于形成系统的徐州传统建筑装饰的理论知识,有助于丰富徐州传统文化的"基因库"。

本书出版得到了浙大城市学院创意与艺术设计分院领导的大力支持,学院为我提供了良好的教学环境。本书作为中国科学技术大学出版社"博士论丛"系列,凝聚了出版社领导和编辑们的心血。同时,感谢江南大学博士生导师过伟敏教授,是他启发并引领我迈向"建筑装饰"这一复杂且富含文化蕴意的课题。他慎思明辨、诲人不倦的学术精神深深地影响着我,如同一盏明灯时刻照亮我充满荆棘的求索之路,给我带来很大的帮助和启迪,令我终生受益。

在基础资料收集过程中,得到了徐州地方档案馆的工作人员和正源古建筑园林事务所的孙统义先生的帮助,他们热情地为我提供了徐州传统民居的历史图片资料,在此表示深切的谢意! 本书所用图表,除特殊标注外,均为自摄或自绘。同时,还要感谢江南大学设计学院的众多博士,感谢他们在我低落时给予勉励,懈怠时给予鼓舞,迷茫时给予警醒,让我感受到集体的温暖。

最后,感谢我的家人们,是他们一直在我身后给予无私的关爱与付出,让我得以顺利完成本书。谢谢他们!

滕有平

2020 年 8 月于浙大城市学院

目　　录

前言 ……………………………………………………………………（ⅰ）

第一章　绪论 …………………………………………………………（ 1 ）
　　一、研究缘起 …………………………………………………（ 1 ）
　　二、国内外建筑装饰理论综述 ………………………………（ 2 ）
　　三、研究范围 …………………………………………………（11）

第二章　建筑装饰与建筑空间及度量关系的概念界定 ……………（15）
　　一、装饰与建筑装饰的概念界定 ……………………………（15）
　　二、空间与建筑空间的概念界定 ……………………………（19）
　　三、建筑装饰的布局关系 ……………………………………（26）

第三章　徐州传统民居建筑装饰形式与背景研究 …………………（30）
　　一、徐州传统民居建筑装饰的产生背景 ……………………（30）
　　二、徐州传统民居建筑装饰的形式 …………………………（36）

第四章　徐州传统民居建筑装饰与院落空间的度量关系研究 ………（60）
　　一、徐州传统院落的图式 ……………………………………（60）
　　二、徐州传统民居建筑装饰的院落空间布局分析 …………（69）
　　三、徐州传统民居独立性装饰构件的空间尺度分析 ………（92）

第五章　徐州传统民居建筑装饰与内部空间的度量关系研究 ………（118）
　　一、徐州传统民居内部空间特征 ……………………………（118）
　　二、徐州传统民居建筑装饰的内部空间布局分析 …………（124）
　　三、徐州传统民居建筑装饰的空间尺度分析 ………………（132）

第六章 徐州传统民居建筑装饰与建筑立面的度量关系研究 ……………… (142)

一、徐州传统单体民居的立面图式 ……………………………………… (142)

二、徐州传统民居建筑装饰的立面构图分析 …………………………… (152)

三、徐州传统民居非独立性装饰构件的立面尺度分析 ………………… (163)

第一章 绪 论

一、研究缘起

(一) 城市建筑特色的危机

意大利建筑师布鲁诺·赛维(Bruno Zevi)认为,如果能对内涵最完满的建筑历史进行准确的描述,那就等于书写了整个人类的文化历史。由此可见,历史建筑对人类文化传承具有重要意义。如今,科技和生产方式的全球化造成了人与传统地域空间的分离,地域特色消失,出现了"千城一面"的现象。许多古城"破败"的传统建筑被视为城市的"伤疤",遭到大肆拆毁,使得千百年间缓慢形成的特色空间形态迅速消失在人们的视野之中。而且,由于经济利润与传统文化之间的冲突,有些地方采用"新建街区,风貌延续"的保护方式改造历史街区,其实质是将具有区位优势的街区置于经济效益的框架下,以供房地产商开发利用。例如,2010 年镇江市将宋朝古粮仓让位于房地产开发,用作"改善周边居民的住房条件"。再如福州市的"三坊七巷"与舟山市定海老街的"现代化"改造所造成的文化缺失等。在如此改造与保护之下,使得那些原本具有厚重的历史积淀、独特的地域文脉已经淡出人们的记忆,取而代之的是钢筋水泥筑起的"森林",它们所造成的后果是人们对历史的记忆如同被"格式化",只留下一片空白[①]。

(二) 各界对传统建筑文化的关注

如此严重的文化缺失现象已经引起国人的关注。人们意识到如果一个城市要有文化、有品位、有历史、有风格,那么这座城市必须要有能让人们感受到它的风格与真正价值的物质载体。为此,维护每个城市自身固有的历史空间品质,再生每个城市的历史文化,这对建构城市特色具有十分重要的意义。随着构建"和谐人居"与建设"美丽中国"以及"建设优秀传统文化传承体系,弘扬中华优秀传

---

① 滕有平,过伟敏.历史街区的"功能重置"设计[J].装饰,2011(10):84-85.

统文化"的提出,保护历史建筑,延续城市历史文脉以及传承城市地域特色已逐渐成为人们的共识。例如,2009 年华润集团出资 1000 余万与清华大学携手合作,对全国各地的传统建筑(民居)进行研究,普及民众的传统建筑知识,加强保护中国传统建筑。

(三)徐州传统建筑文化的研究资源

徐州是一座拥有 2500 多年历史的古城,是汉文化的发祥地。它拥有大量的两汉遗产——汉墓、汉兵马俑和汉画像砖等。同时,徐州又因地处"扼北锁南"的位置而成为历朝历代的兵家必争之地,因此地面遗存建筑少之又少。经过细致调研发现,目前徐州市内保持相对完善的传统民居群主要位于户部山与窑湾古镇内。这些传统民居及装饰糅合了南北方传统民居及装饰的特色,并形成独特的建筑文化与艺术特色。对它们进行深入研究,不仅可以丰富徐州传统建筑的基因库,而且有助于完善中国传统建筑装饰的理论体系。

二、国内外建筑装饰理论综述

(一)国内建筑装饰研究综述

众所周知,中国传统建筑装饰的发展始终是紧绕建筑结构的发展而演进的,因此中国传统建筑结构的发展过程也是中国传统建筑的装饰形式、装饰手段和装饰内容不断发展与完善的过程。当然,在一定程度上建筑装饰具有相对的独立性。随着传统民居的研究范围与内容不断拓展与丰富,各类建筑装饰研究成果的出版与出刊,建筑装饰的研究已经蔚然成风。但是,尚未形成系统化的理论研究体系。从出版书籍和近十年的论文选题分析,国内建筑装饰的研究主要是从三个向度进行的。

1. 演变脉络

在中国营造学社(1929 年)成立之前,学术界除了乐嘉藻先生的《中国建筑史》(1933)之外,几乎没有什么建筑历史研究专著。

因木构建筑的缺陷因素所致,中国传统建筑的历史研究多是采用考古发现与文献考证结合的方法。基于对中国各地古代建筑的实地考察及文献资料考证,梁思成先生与刘敦桢先生分别编著了《中国建筑史》与《中国古代建筑史》。这两本书注重对中国建筑的发展历史进行系统的梳理,对各时期遗存的墓室、宫殿与寺庙的建筑规模与营造方式进行翔实的考证。如中国建筑工业出版社出版的《中国古代建筑史》(2009),补录了大量当年最新的考古资料,并对这些新发现的建筑与建筑装饰资料进行了深入分析与研究。书中探索了建筑的内在发展规律,增加了以往研究不太注重的建筑类型——传统民居,深入论述了建筑技法的发展。由于条件有限,加上中国传统民居的建筑形式过于丰富而无法全面涉及,因而该书以很少篇幅论及建筑装饰的形式、风格与演变,但它仍是重要的建筑类著作,为本书提供了重要的参考史料。潘谷西沿袭了梁、刘的体系,采用案例分析方法重点介绍了各时期建筑(以墓室、宫殿与寺庙为主)的布局特色、形式特征、文化价值与艺术价值,增补了大量的中国近现代建筑的历史与建筑装饰的相关内容。

楼庆西先生专注于中国传统建筑装饰艺术研究,其著作与论文丰富,编著了众多的系列丛书。丛书着重对宫殿、寺庙、祠堂以及各地传统民居的建筑装饰的起源、特征、内容、形式以及蕴含的文化与美学价值等内容进行了论述。由于传统民居形式多样,数量繁多,无法以一概之,因此丛书仍然以宫廷与寺庙的建筑装饰为主。但他拓展了传统建筑装饰的研究范围,极大地丰富了传统建筑装饰的理论研究内容。

沈福煦与沈鸿明则着重顺沿历史的变革与发展,从文化角度论述中国历来传统民居装饰的起源、发展和形式以及各时期的特征。他们对以往建筑装饰的研究多以宫殿与寺庙为主体的方式提出批评,认为"对建筑装饰的研究,不能偏重于考古、考证和所谓的'正统'的建筑对象(如宫殿、寺庙),而应当眼睛向下,重视民间的一些对象。不仅如此,更要强调的是它的文化内涵。从建筑及其装饰的研究整体来看,直到现在,重视的程度顺序为考证考古、形式规范、礼仪形制、宗教、艺术、文化。文化的重视最不够"。虽然,他们指出了国内传统建筑装饰研究的短板,但基于现实情况,传统建筑装饰的研究形式与重视对象却无法得以根本性转变。

综上所述,这些学术前辈们致力于对中国传统建筑的发展与演变历史进行全局性地解读,并言简意赅地诠释了一些建筑构造及建筑装饰方面的理论。

2. 文化与艺术价值研究

目前,国内学界对建筑装饰的研究多采用整体研究与分类研究两种方法,而且主要采用图文并茂的形式进行解读。研究角度多为建筑装饰的艺术价值、社会价值、文化价值以及工艺价值等。例如,庄裕光采用图文结合的方式,通过整体研究法重点介绍了国内各种传统建筑装饰(以宫殿、寺庙为主)的文化、艺术、工艺及审美价值。

2009～2014 年间,有关建筑装饰的博士论文只有 14 篇[①]。通过分析,发现它们的研究角度相似,只是具体研究方法略有差异。例如,姜娓娓从(现代)建筑装饰与社会文化之间的关系角度出发,重点研究中国 20 世纪以来建筑装饰与社会文化环境及审美之间的关系,并将建筑装饰与服饰进行横向比较,较为系统地梳理了20 世纪以来中国建筑装饰的演变,以及社会文化与经济因素对建筑装饰产生的影响。虽然文中涉及了较多的西方建筑装饰的内容,并未涉及中国传统民居的建筑装饰内容,但其研究思路与研究方法还是值得借鉴的。

陈庆军采用图像学研究方法,以徽州承志堂的装饰图像为研究载体,深入地探讨了承志堂的建筑装饰与建筑空间、房屋的主人的文化修养及审美品位、匠师的技术与审美三者之间的相互关系,从而提出了徽州承志堂建筑装饰的图像属性。他尝试以管窥豹,以承志堂的个案研究去厘清徽州传统建筑装饰研究,甚至是国内传统建筑装饰的研究模式。论文的角度新颖,文中涉及了较多的设计心理学及视知觉的内容,具有良好的借鉴意义。

近年,随着研究的深入,学位与期刊论文逐年丰富,研究范围不断拓展。例如,乔飞从文化差异性角度出发,分析与论证南北传统民居建筑装饰的环境特征及建筑装饰与建筑的关系。通过对徽晋两地的建筑装饰的雕刻、色彩与题材等三方面差异性分析,突出建筑装饰在人与建筑之间的沟通中的作用,同时还尝试性地引入人性论,提出了在当今建筑设计中传统建筑装饰的重要性。梁少华从楚文化内涵与雕饰的祈愿意境等方面,分析了陕西南部凤凰古镇传统民居装饰纹样的文化渊源;从图意结合、符号化、造型的程式化及线的组合方面分析了纹样的形式与意义。当然,相关角度的文章还有很多。例如,《雕饰:建筑精神意义的延展》《中国传统民居的装饰风格与文化心态》及《浅论儒家思想对徽州建筑与雕刻艺术的影响》等。

3. 构造与比例研究

据现有资料分析,研究国内传统建筑装饰的构造与比例的论文较少。有学者认为这是由于国人习惯于运用定性分析、资料分析与归纳总结分析,缺乏定量分析的习惯。早在 1952 年,梁思成先生曾指出,研究中国建筑的首要任务是必须用现代图解对清代及以前的建筑名词与构件名称做缜密的系统性研究,以便能给后来

---

　　① 丁昶《藏族建筑色彩体系研究》(2009)、郑红《潮州传统建筑木构彩画研究》(2012)、陈庆军《承志堂的图像》(2012)、高晓黎《传统建筑彩作中的榆林式》(2010)、姜娓娓《建筑装饰与社会文化》(2010)、卢花《汉代瓦当的审美研究》(2012)、马全宝《江南木构架营造技艺比较研究》(2013)、薛颖《近代岭南建筑装饰研究》(2012)、黄晓云《闽东传统民居大木作研究:以福州地区梧桐村为实例》(2013)、李琰君《陕西关中地区传统民居门窗研究》(2011)、汪晓东《生成与变异:福州马鞍墙研究》(2013)、成丽《宋〈营造法式〉研究史初探》(2009)、李俊《西藏阿里普兰科迎祖拉康门雕释义》(2012)、沈卓娅《中国门文化特性的系统研究》(2009)。

研究者予以方便①。梁先生的研究目标已经深入到中国建筑之本源性的制度层面。为此,梁先生与林徽因及莫宗江先生一起对宋代《营造法式》与《清工部工程做法则例》②进行注释和图解工作。他们凭借着对中国传统建筑的深刻理解,将中国古代建筑归纳为各种类型,简述构建它们的基本原理,并致力于研究宋清时期建筑名词与构件的对应关系,翔实地介绍了宫殿建筑的构造与建筑装饰的营造方式。

李允鉌从全局的角度对传统建筑的设计理念、构图原则、空间的营造以及建筑装饰的结构和名称等内容进行了详细论述,并对一些错误观点进行驳斥与剖析,观点独特精辟。同时,他对建筑装饰的作用、构造与技术进行了较为独到的论述,是一部理论结合实践经验的著作。陆元鼎则着重介绍国内各地区、各民族传统民居的建筑装饰艺术,对木雕、石雕与砖雕的工艺特点、工艺做法以及使用工具和使用部位等内容作了简述。

王贵祥③教授认为现代艺术史家与建筑史家推崇与赞叹中国传统建筑的形式美,但对它们的造型与比例特征的认识仍然停留在感觉的层面上,理性与量化的分析却不多见。其团队历年来致力于研究中国传统木构建筑及建筑装饰的比例与尺度,对许多遗存的历史建筑(以寺庙建筑为主)进行了深入的实地调研,并运用西方建筑分析法进行研究,形成了自己的学术观点。其中,他重点对唐宋传统建筑中的建筑装饰(斗拱与梁架)进行了论述。王教授的团队成员段智钧、刘畅亦积极地研究古代寺庙的木构架比例与尺寸,都取得了较为丰硕的成果④。

李晓东认为"在中国,由于在整个历史进程中缺乏数学定则,因而无法直接得出这样的原理,虽然高度标准化和模数化的测量系统促使不同尺度的建筑内在保

---

① 学社创始人朱启钤先生明确地肯定中国建筑的学术价值:中国之营造学,在历史上,在美术上,皆有万劫不朽之价值。在研究方法上要:"年来东西学者,项背相望,发皇国粹,靡然从风。方今世界大同,物质演进,兹事体大,非依科学之眼光,作有系统之研究,不能与世界学术名家,公开讨论。"在朱老先生看来,对于中国建筑之研究,应首重对其原典的诠释性研究,躬穷其意,理解其法,融会贯通,在博采图籍,编成可供学习研修的书籍。转引:王贵祥.中国古代木构建筑比例与尺度研究[M].北京:中国建筑出版社,2012:4.

② 《清式营造则例》是梁思成先生于20世纪30年代编著的著作。梁思成先生在仔细研读清朝宫廷藏本以及对许多宫廷匠师与民间工匠的详细访谈的基础之上,对清代官式建筑各部分的名称、比例、功用与做法进行详细阐释。它是迄今为止最为权威,最为详细的关于清代建筑及建筑装饰的解读专著。因而,本书的许多比对数据源于此。

③ 王贵祥教授著有丰富的建筑装饰论著,主要有《东西方建筑空间之比较》《福建福州华林寺大殿研究》(硕士论文)《唐宋时期建筑平立面比例中不同开间级差系列探讨》《唐宋单檐木构建筑比例分析》《唐宋木构建筑在构造与装饰上的一些变化》以及《唐宋单檐木构建筑平面与立面比例规律的探讨》等。

④ 段智钧的主要论文为《山西五台山南禅寺大殿大木结构用尺与用材新探》《山西榆次永寿寺雨花宫大木结构平面尺度探讨》《山西大同严华寺海会殿大木结构用尺与用材新探》《山西平顺龙门寺大殿大木结构用尺与用材新探》《清代北方八旗营房建筑梁架尺度探讨——以〈正蓝旗兵房做法〉为线索》等;刘畅的论文有《福建福州华林寺大殿大木结构测绘数据解读》《河北蓟县独乐寺观音阁大木尺度设计新探——〈蓟县独乐寺〉修缮工程公布数据的启发》《浙江宁波保国寺大殿大木结构测绘数据解读》《河南登封少林寺初祖庵实测数据解读》《山西陵川北马村玉皇庙大殿之七铺作斗栱》《北京先农坛神厨井亭木结构设计新探》及《康熙三十四年建太和殿大木结构研究》等。

持着一致性与连贯性，但没有引起人们对比例法则的重视"①。因此他的团队致力于深入研究中国传统建筑的空间、建筑形式与建筑装饰的形式、比例及尺寸等内容。

马全宝采用比较研究法，选取江南地区的香山帮、婺州及徽派传统民居营造技艺作为研究对象，同时兼顾江南周边地区及北方和中原地区的民居营造技艺，探讨江南木构架的营造体系所代表的技术水平、特征及多样性特征。相似研究角度的还有《中国传统大式木构单体建筑比例之研究》《宋清传统建筑斗栱结构行为定量分析之初探》等。

王强教授以唐宋时期遗存建筑的斗栱为研究对象，运用设计学、建筑学及力学等相关理论，依据斗栱的形态、结构及比例的演变，探究唐宋斗栱在平衡性、承载力与建筑空间等方面的发展与演进，分析起居方式的改变、文化与风俗的变迁、模数理念的形成及建筑空间的扩大对斗栱设计所产生的影响。其研究斗栱的思路及方法对本书中有关建筑装饰的尺度研究具有启发与借鉴意义。

随着建筑装饰行业的快速发展，建筑装饰越来越受到重视，各高校建筑学子纷纷加入到研究行列中来，他们借助自身的地域优势对全国各地传统建筑装饰进行了广泛研究，涌现了大量论文，拓展了研究范围，推动了传统建筑装饰的整体研究，形成了良好的氛围。但是，相对于对建筑装饰的文化、艺术以及形式的研究而言，学术界对传统建筑装饰的构造与比例的研究还是处于相对薄弱的环节，亟须加强。

（二）国外传统建筑装饰研究综述

由于西方建筑所涵盖的范围太大，加上建筑师历来注重出书立著，相关建筑装饰的理论著作丰富。为此，笔者主要精简各个历史时期著名建筑大师对建筑装饰的态度进行分析研究。

由于西方传统建筑经历了阶段性的发展历程，因此建筑理论家对建筑装饰的研究随着时代的变化而呈现不同倾向，从古典建筑对艺术与情感的注重，到现代建筑对科学和理性的张扬，再到后现代建筑对多元化的强调和向传统的回归。主要经历了五个时期：古典时期、洛可可时期、19世纪末装饰多元时期、现代主义时期、后现代主义时期。

第一时期：古典时期。人们在严谨的美学理想下，提倡理性的、节制的建筑装饰。其核心内容是"绝对的自然法则"和"永恒不变的真理"，并依次建立了绝对权威的君权的美学体系。例如，维特鲁威（Vitruvius）认为建筑应具备"实用、坚固、美观"三要素，提出以建筑物整体作为基本模数的概念，并认为建筑物"均衡"的关键

---

① 李晓东，庄庆华. 中国形[M]. 北京：中国建筑工业出版社，2010：81.

在于其局部①。而 L. B. 阿尔伯蒂(Leon Battista Alberti)认为"重形式不重装饰是艺术的美德"。

第二时期：洛可可时期。由于考古大发现和东方文明影响，加上维多利亚女王对装饰的极度喜爱，出现了具有高度繁琐的装饰特征的维多利亚风格。针对此现象，德国的温克尔曼(J. J. Wnckelmann)从理性出发，批判其错综复杂的线条，异想天开的构思与堕落情趣，并将希腊盛期艺术推崇为艺术的典范，认为"建筑中的装饰应该符合其目的"②。M. A. 洛吉耶(Marc Antoine Laugier)批判洛可可装饰，并将希腊神庙作为实施结构理性的自然法则，提出了"原始茅屋"和理性主义理论。而霍格斯(William Hogarth)从心理学的角度解释人们为什么会偏爱曲线和复杂的装饰，并对洛可可的装饰线条的价值作了辩护。

第三时期：19 世纪末装饰多元时期。由于工业技术的突破，人们开始探索采用新技术、新材料与古典风格的综合处理，以推动建筑的发展，建筑装饰理论出现了以下 4 种倾向。

哥特式的浪漫主义倾向。认为建筑是被装饰的结构物，表现结构是装饰的精髓，反对粗糙无装饰的风格，强调现代建筑应该具有宗教式的虔诚，中世纪的和谐，现代的功能及充满人情味的细节③。奥古斯塔斯·普金(Augustus Pugin)提出从真理的、本质的角度看待建筑装饰，认为所有的装饰都应该组成并丰富建筑的结构。勒·杜克(Viollet le duc)认为建筑必须达到功能性和装饰的合理性，形式与功能的统一，而哥特建筑恰好体现结构和外观在本质上的完美统一，现代建筑技术应是哥特建筑的一种延续。

现代主义倾向。德国理论家胡布什(Heinrich Hubsch)认为建筑的形式应该符合功能的需求，"一个严格的、客观的结构而达到的形式结果"。K. F. 辛克尔(Karl Friedrich Schinkel)认为强调建筑的功能会导致缺乏历史的内涵，一味地模仿古典是不够的，新时期的建筑应该有新的建筑形式。

有机主义倾向。德国建筑师戈特弗里德·桑佩尔(Gottifried Semper)认为在建筑的材料、装饰和功能之间存在着必然的联系；研究这种联系方法是从人体装饰、自然界中寻找装饰的法则、形式与功能的基本规律，探讨形成某种健康的审美情趣的内在联系。

自然主义倾向。工艺美术运动领导人约翰·拉金斯(John Rusion)支持现代工业，但反对机器制造的装饰；主张采用自然形式，强调真、善、美，复兴哥特式；提出"装饰是建筑的源泉"。威廉·莫里斯(William Morris)坚持现代社会中需要建筑装饰，批判工业革命对传统技艺中自然性的剥夺；反对维多利亚风格，强调功能与形式的统一，强调结构装饰性的使用，主张设计装饰从自然形态中汲取营养。路

---

① 维特鲁威. 建筑十书[M]. 高履泰，译. 北京：知识产权出版社，2011：7.
② 谢岗. 建筑的现代性批判[D]. 上海：同济大学，2003：26.
③ 王受之. 世界现代建筑史[M]. 北京：中国建筑工业出版社，1999：35.

易斯·沙利文(Louis Sullivan)认为"装饰和结构之间存在着一种特殊的认同感……这与某种植物的叶子中出现一朵花儿一样"①。异曲同工的新美术运动,反对矫饰的维多利亚风格,旨在重新掀起对传统手工艺的重视,放弃任何一种传统装饰的风格,完全走向自然风格,装饰的构思应该"回到自然去"。同期的装饰艺术运动虽然主张机械美,但采用大量新的装饰构思,使机械形式及现代特征变得更加自然和华贵。

第四时期:现代主义时期。20世纪初期,在现代科技理性与美学价值观念下,人们认为装饰是对人的精神和道德世界的侵害,有碍于现代文明的发展。奥地利建筑师阿道夫·路斯(Adorf Loos)从经济及社会伦理的角度指出,装饰是一种浪费,是虚假、不道德的行为,应该抛弃,甚至提出极端的"装饰就是罪恶"言论。法国建筑大师勒·柯布西耶(Le Corbusier)也否定传统装饰,提出"房屋是居住的机器",批判新艺术的运动曲线。包豪斯之父格罗皮乌斯(Walter Gropius)没有他们那么极端,认为"功能决定形式",建筑与产品的美不在于装饰细节上,而在于比例、均衡、表面细节的掌握水平之中;主张艺术家的感受与技术人员的知识必须结合。工程师密斯(Mudwing Mies Van Der Robe)强调建筑的"统一性"和结构的"诚实性",主张"少就是多",追求无色无装饰的几何形体——"单纯建筑"。同时期,出现了强调建筑与环境、建筑形式与人的心理感受的建筑师。如阿尔瓦·阿尔托(Alvar Aalto)强调功能化和民主化,探索一条更具有人文色彩,更注重人的心理需求的设计方向。他讲究装饰性地使用结构,采用自然材料并传达人情味。"意大利七人集团"认为现代建筑应把20世纪的工程技术和丰富的历史传统结合起来,强调传统和历史与现代的关系,形式上不走现代主义的极端立场,寻求现代建筑和古典建筑互补的形式。

在美国经济市场的培育下,现代主义风格演变成了影响世界的国际主义风格。由于各建筑师的建筑风格不同,又可以分为四种倾向:一是粗野主义——强化几何形体风格,保留水泥表面模板的痕迹,采用粗壮的结构形体来体现钢筋混凝土的精神及工业化的技术美。二是典雅主义——讲究结构精细,建筑表面处理干净、利落、精致。例如,山崎实认为建筑应该是美的、欢愉的,反映人类追求的高尚品味,符合人的尺度,他主张引入部分具有装饰性的特征,如古典的比例、传统符号、外部柱廊的典雅处理等。三是传统现代主义,强调对地方传统文化元素的抽象和提炼,以一种隐晦的方式结合装饰符号和地域文化。四是高技风格——强调高技术细节,突出建筑结构的科学技术性,夸张的以这些细节作为装饰符号。例如,巴黎蓬皮杜艺术中心。

第五时期:后现代主义时期。由于现代主义建筑过于冷漠,人们重新认识到装饰的价值及重要性。建筑师从传统的符号、象征等语义学角度研究建筑艺术的审

---

① 弗兰克·劳埃德·赖特.建筑之梦[M].于潼,译.济南:山东画报出版社,2011:165.

美过程,研究建筑形象与建筑艺术审美心理的同构关系,借助折中主义的形式及现代技术来创造可行的、有趣的建筑形象。美国建筑大师罗伯特·文丘里(Robert Venturi)提出了"装饰化棚屋"的概念,强调建筑装饰的交流功能与大众性,认为建筑的复杂性正是建筑的魅力所在,历史传统和古典元素是"表达城市多样化和生命力的主要源泉"①。弗兰克·盖里(Frank Gehry)则注重对有机形体的破碎及拼合的方式,强调建筑物倾斜歪曲,使用一些金属材料来构成破碎的建筑造型。伯纳德·屈米(Bernard Tschumi)利用更加宽容的、自由的、多元的方式来建造新的建筑理论构架,并提出"形式追随梦想"。

由于后现代主义过度地使用通俗文化、折中后的历史符号与大量的商业推广,人们对其产生厌恶感。为此,国际建筑进入了以现代主义为基础,并进行合理地提炼、改良的时期。许多现代建筑师倾向于用装饰化的空壳来遮掩功能内核并辅以构件化的梁和柱,起到丰富和限定空间效果的作用。例如,日本建筑大师伊东丰雄采用"有限元素分析法"的结构分析技术对御木本珠宝舰旗店进行设计,以风中飞舞的花瓣为纹样主题,在外墙上随机布置不规则的窗洞,赋予建筑表皮一种极为轻柔精致的效果。2010年世博会的西班牙馆采用8524片藤条编织的"篱笆"覆盖在蜿蜒柔动的钢管线条上,使整栋建筑如"风中的探戈",极具西班牙特色。

(三) 徐州传统民居建筑装饰研究综述

虽然学术界对徐州地区的汉文化、汉代画像石(砖)以及汉墓的研究已经达到相当高的水准,但是对徐州传统民居以及建筑装饰的研究则相当缺乏。通过近年出版的书籍和论文的选题分析,关于徐州传统民居与建筑装饰的研究主要从三方面进行。

1. 整体性研究

据现有资料分析,目前对徐州传统民居与建筑装饰的研究主要集中于户部山古民居,而对窑湾古镇传统民居的研究很少。而且多采用个案研究法对翰林院与余家院进行多角度的论述。已有论文的研究内容主要集中于建筑布局、建筑形式及建筑装饰等方面。其中,徐州古建筑专家孙统义结合对翰林院的实际修复工程,对院内各建筑单体及建筑装饰进行了严格考证,并详尽地标注了它们的尺寸数据。而且,他与中国矿业大学的常江、林涛一起对户部山民居的细部构造——梁架结构、墙体构造、屋顶构造、门窗特征及装饰彩绘进行了较详细的论述,并配以精致的摄影图片和CAD制图。

中国戏剧出版社分别于1999年和2001年,出版了《汉风·走进户部山》和《汉风·寻访徐州老建筑》摄影集,主要以摄影图片的形式记录传统民居,期望唤醒人

---

① 弗兰克·劳埃德·赖特.建筑之梦[M].于潼,译.济南:山东画报出版社,2011:165.

们对徐州历史建筑的记忆而激起保护的欲望。徐州市规划局于1998年拍摄的户部山古民居影像资料,真实地反映了当时古民居的状况。虽然影像中的建筑已经破烂不堪,但建筑装饰的细节仍然为本书的写作提供了重要的参考。

季翔在对徐州传统民居进行深入细致的调查和研究,对比中国传统民居的总体特色与文化内涵的基础上,阐述了徐州传统民居的文化内涵、伦理特点及建筑装饰特色。从空间形态、建筑结构、装饰色彩、文化精神及保护继承五个方面,研究徐州传统民居的内在设计原理和关系要素,分析组合特点和规律,进而从视觉心理的角度挖掘其形态构成的机制。

雍振华对江苏各地传统民居的建筑形式、布局、形制以及建筑装饰细节进行了粗放轮廓式的描述,其中简述了户部山与窑湾古镇的传统民居及个别建筑装饰的细节。由于著作是对江苏整体民居作轮廓性勾勒,因此很难对徐州传统民居及建筑装饰进行深入的分析,只能做普及性的介绍。

刘玉芝基于文献考证与实地调研,采用描述性方法对翰林院的建筑布局、建筑形式及建筑装饰进行了较为全面细致的研究。同时,还介绍了徐州山西会馆的历史沿革、建筑年代、空间环境以及布局特征,并较详细介绍了花戏楼和关圣殿的各主要部位建筑构件、墙体构造及建筑装饰的特征并附相关数据资料,强调了山西会馆因山构造的特点。

王雪莲重点对翰林院厅堂的设计形式、营造技术和文化内涵作了较为深入的分析。对厅堂的单体构成与群组方式,建筑材料与工艺形式,墙体结构与梁架结构,建筑中所蕴含的传统文化、伦理思想及审美情感等诸多方面进行了较为详细的论述。并利用计算机辅助手段,对西花厅室内进行了三维复原设计探索。文章的理论对指导实践或修复工作具有一定的指导意义。

张超较为系统地阐述了翰林院的历史概貌、平面格局与建筑的艺术特色,如独一无二的建筑形式——鸳鸯楼、里生外熟的墙体结构以及插花云燕等,并针对修复中所面临的问题和修复后如何利用等难题提出了自己的见解和思路。当然,相同角度的论文还有《融合南北特色的徐州传统民居》《徐州地区传统民居特色的类型分析》《解读徐州户部山古民居》等。

2. 文化与艺术性研究

据现有资料分析,有关徐州传统民居与建筑装饰的文化与艺术的研究很少。其中《徐州古民居建筑装饰艺术探究》重点论述了徐州建筑装饰的石雕、木雕、砖雕的各自特色和艺术性,但没有进行更深入的挖掘,仅流于表层的叙述。类似论文有《徐州户部山余家大院建筑艺术探议》《徐州古民居的屋面与屋脊》《徐州户部山古民居门窗艺术小探》及《苏北传统民居木雕艺术研究》等。

董大鹏从汉画像石中描绘的建筑图像中寻找汉代建筑的真谛,并试图寻找其与现代建筑的融合点。而《徐州两汉建筑研究》主要是从汉画像石中的建筑图像来研究汉代建筑的结构、布局、规模及装饰。类似论文还有《徐州古民居及其文化特点》《徐州城市建筑传统文化的挖掘》《城市改建与历史文化遗产的保护：徐州户部山古民居为例》《徐州老城历史文化要素分析》及"徐州市域现代城市规划与传统建筑文化研究"的系列论文等。

3. 城市规划研究

由于户部山地处徐州市区内，其建筑形态及布局对城市规划及意象的形成具有至关重要的作用。为此，许多学者对户部山传统民居的研究多从城市意象及再开发的角度进行。其中，方彭运用建筑再循环理念对户部山地区进行改造，并通过对户部山传统民居空间布局、建筑风格以及景观环境等方面的精心设计，较好地继承徐州城市肌理和文脉基因，探讨如何将传统建筑特色融入到现代城市规划之中。周晓瑜通过对户部山开发利用状况的分析，指出其保护与再利用后的新魅力与尴尬处境，进而探讨城市历史性街区保护与再利用中的"形"与"魂"的内涵；强调历史街区物质实体的"形"应与城市场所精神的"魂"相符是其成功的关键；同时重视"活力激发元素"在激发历史性街区的活力、促进"形"与"魂"的统一中的重要作用。葛藤引入城市意象理论，通过对城市意象的五要素分析户部山依傍黄河、因山建宅等城市地理学上的特点；通过整合徐州的文脉，结合当地居民的记忆元素进行重新拼接，以探寻户部山传统民居的原貌，并为修复项目提供依据。相似角度的论文还有《从户部山历史地段古民居改造论历史建筑的保护与重生》《历史街区的生态性保护：以徐州户部山传统街区为例》《城市游憩商业区 RBD 建设初探：古彭徐州户部山步行街为例》等。

三、研究范围

徐州市地处江苏、安徽、山东与河南四省交界，决定了徐州自古就是"兵家必争之地"。据徐州地方志粗略统计，从传说中的涿鹿之战到解放战争中的淮海战役，在徐州地区发生较大规模的战争就有 200 多起，而小规模战争不计其数。因此，徐州市域内地面遗留下的古代建筑少之又少。据实地调研，徐州市域现存的传统民居多为明清时期所建，而且主要留存于徐州市区的户部山与新沂市的窑湾古镇内，其他乡镇几乎没有保留较好的传统民居。这些传统民居的建筑装饰具有相似的形式与文化内涵。为此，本书致力于对这两处传统民居的建筑装饰进行深入的分析研究，而对散布于其他乡镇的个别民居不再赘述。

（一）户部山

公元前 206 年，西楚霸王项羽定都彭城，并在南山上构筑高台操练士兵及训练战马，因而有了"戏马台"。416 年，刘裕奉命北伐至彭城，建宅第于戏马台并于 419 年建台头寺。北宋年间，户部山仍然繁华，"楼观插穹苍，夕闻暮鼓声"。明朝的京杭大运河流经徐州城下，徐州成为漕运的重要枢纽。当时舟车塞道，贸易兴旺，商贾云集。然而，黄河水患给徐州带来了巨大的灾难。史载 1624 年，黄河水淹徐州城，水深一丈二尺，水浸徐州城三年不退。为避水难，户部主事张璇将户部分司署迁移至南山。因此，南山亦名"户部山"。官家巨贾也纷纷在南山觅地造屋，各类高宅深院次第分布，错落有致。二十世纪初至九十年代，户部山民居破损严重，区域内环境恶劣。1998 年，徐州市政府对户部山进行大规模改建。目前保留相对完整的院落有翰林院、权谨院、余家院、郑家院、翟家院、苏家院、刘家院及魏家院等。

（二）窑湾古镇

窑湾古镇位于京杭大运河与骆马湖交汇处，是一座具有 1300 多年历史的水乡古镇。鼎盛时期，镇上建有大型店铺、作坊 360 余家及 18 个省商会，号称"夜猫子集"。康熙年间，许多被特赦的明代旧官员带领族人来到窑湾定居。他们凭借自身的文化、经验及资金，利用窑湾"S"形自然河岸，按五行八卦及八卦九宫方位建十条街道和一条回族街。据统计，目前窑湾古镇现存明清建筑群 813 间，建筑风格古朴，建筑装饰精巧且具徐州地方特色。2007 年，新沂市政府对古镇进行了全面的修复，完成了西大街和中宁街的修复，恢复了吴家院、酱香院、民俗博物馆、蒋家院、大清邮局、山西会馆及东西典当等民居群。

（三）研究核心

徐州市区内有许多中西合璧的近代建筑，例如教堂、学堂以及商场等。它们的建筑装饰具有丰富的文化、艺术与技艺价值。由于精力与学识所限，本书聚焦于具有徐州地域特色的传统民居的建筑装饰，而对中西合璧的近代建筑及建筑装饰则不作研究。经过仔细的调研甄别，徐州市主要传统民居的分布情况如表 1-1 所示。

表 1-1　徐州传统民居统计表

序号	类型	院落代表	基本特征	地点
1	官邸式	翰林院	清道光年间建造，多进院落；分为上院、下院及客居院三部分，现存 180 余间房	户部山西坡
2	官邸式	权谨院	明代，二进院落；牌楼式门楼，现存 5 间房	户部山西坡

序号	类型	院落代表	基本特征	地点
3	官邸式	李蟠状元府	清代,现损坏严重,只存门楼	户部山南坡
4	居住式	余家院	清代建筑,四进院落;分东中西三路;现存105间房	户部山南坡
5	居住式	翟家院	清代,四进院落;现存38间房	户部山东坡
6	居住式	郑家院	清代,分南北二路;现存15间房	户部山西北坡
7	居住式	刘家院	清代,二进院落;现存4间房	户部山西坡
8	居住式	魏家院	清代,二进院落;现存16间房	户部山南坡
9	居住式	苏家院	清代,二进院落;现存8间房	户部山南坡
10	居住式	李家大楼	清末民初,中西合璧建筑,由廊院和主楼构成;现存入口及主建筑	户部山南坡
11	居住式	李可染故居	清末民初,二进院落;现存6间房	马市街
12	居住式	蒋家院	清代,一进院落;现存4间房	窑湾古镇
13	居住式	金裕霖馆	清代,二进院落;现存6间房	窑湾古镇
14	居住式	赫家院	清代,多进院落;现损坏严重	铜山县汉王乡
15	居住式	王家院	清代,多进院落;现损坏严重	睢宁县邱集镇
16	商居式	吴家院	清代,三进院落;现存10间房	窑湾古镇
17	商居式	酱香院	清代,二进院落;现存12间房	窑湾古镇
18	商居式	民俗馆	清代,四进院落;现存10间房	窑湾古镇
19	商居式	颜家院	清代,三进院落;现存15间房	窑湾古镇
20	商居式	山西会馆1	清代,三进院落;已改为关公庙;现存8间房	窑湾古镇
21	商居式	老盐店	清代,现已损毁严重	马市街
22	商居式	山西会馆2	清代,三进院落;已改为关公庙;现存14间房	云龙山
23	商居式	大清邮局	清代,二进院落;现存19间房	窑湾古镇
24	商居式	酒坊1	清代,二进院落;现存14间房	窑湾古镇
25	商居式	酒坊2	清代,二进院落;现存12间房	窑湾古镇

　　民居是指民间所建造的居住性房屋,不同于宫殿、寺庙、会馆及祠堂。按照传统民居的使用者和功能划分,徐州传统民居可分为官邸式、居住式以及商居式民居三种类型。

1. 官邸式民居

它是指宅院的主人曾做过官员的宅院。一般坐落在户部山较好的区位,宅院的规模庞大,由多路多进院落组成。根据封建礼制的规定,此类院落的等级制度较高,院落中主要房屋比较高大,装饰较为华丽。这类院落既具有居住功能,又设置祠堂、家庙、客厅与轿房等,在院落的流线组织方面较为复杂,例如翰林院、李蟠状元府与权谨院。

2. 居住式民居

它是指宅院的主人为平民百姓,以居住为主要功能的宅院。此类院落规模有大有小,因家主实力而定。小者为一进院落,大者为多路多进院落。这类院落的等级制度不如官邸式民居,分布一定的建筑装饰构件。规模大的宅院除了满足居住功能之外,还具有一定的社会交际功能,设置客厅、待客厅与轿房等,而且院落流线组织也比较丰富。例如余家院、翟家院、魏家院、苏家院、刘家院及郑家院等。

3. 商居式民居

它是指由商铺区与居住区连成一体的宅院。它们位于窑湾古镇内,而且多沿街布置,为前商后住或前店后坊的模式。如吴家院、酱香院、颜家院及酒坊等。

第二章 建筑装饰与建筑空间及 度量关系的概念界定

每一种事物都有其生存与发展的语境,而语境会随着时代的发展而变化。如今,随着建筑语境的改变,建筑装饰与建筑空间的概念和内涵日趋模糊化。为此,本章重点对建筑装饰与建筑空间的概念与内涵进行界定。

一、装饰与建筑装饰的概念界定

中国传统建筑装饰历史悠久,早在西周时期就已经出现。由于阶级立场的不同,出现了4种不同的观点与主张①。但是,在数千年发展中,儒家的装饰主张一直主宰着建筑装饰,使其成为建筑不可或缺的重要组成部分,成为人们竞相展现自身实力和寄寓人生理想价值的载体。通过对以往众多的文献资料分析,发现"建筑装饰"的概念却从未被正式明确或提出,只是散布于各种诗词赋、小说及文献中。如果一定要在传统文献资料中找出"建筑装饰"的概念,那么宋代《营造法式》记载的12类制作制度中②,可以说除了"壕寨制度"之外都存在建筑装饰的内容③。而在现

---

① 在中国装饰艺术发展史上,早在先秦时期人们对装饰的社会存在、社会功能价值给予了充分的关注和批判,形成了传统的装饰艺术思想和理论。先秦思想家与政治家们对装饰艺术的批判和理论主张可以归结为四方面:一是以荀子为代表的"重装饰"的主张;二是以墨子为代表的趋于实用理性的非装饰思想;三是以孔子为代表的主张装饰应以"文质彬彬"为尺度的理论;四是以庄子为代表的"即雕即琢、复归于朴"的思想。转引于李砚祖.装饰之道[M].北京:中国人民大学出版社,1993:108.

② 12类制作分别为:1.壕寨制度,2.石作制度,3.木作制度,4.雕作制度,5.旋作制度,6.锯作制度,7.竹作制度,8.瓦作制度,9.泥作制度,10.彩画制度,11.砖作制度,12.窑作制度.

③ 姜娓娓.建筑装饰与社会文化环境:以20世纪以来的中国现代建筑装饰为例[D].北京:清华大学,2004:22.

代建筑装饰理论研究中,"建筑装饰"与"建筑装修"也极为容易混淆①。导致概念模糊性的原因很多,但最主要原因是建筑装饰的语境已发生很大变化。

(一)装饰的概念与内涵

在现实中,"建筑装饰"与"装饰"极为容易混淆。现今的众多理论研究中,许多学者将"装饰"替代"建筑装饰"。其实,"装饰"与"建筑装饰"存在一定的差异。在众多古籍资料中,"装饰"最早见于《后汉书·梁鸿传》中"女求做布衣麻履,织作筐缉绩之具。及嫁,始以装饰入门"②。在这里,"装饰"是指起修饰与美化作用的物品造型的轮廓和雕刻。蔡元培先生认为"装饰"涵义很广,根据不同的材料,"装饰"既可以是石刻饰品,也可以是金属制品,还可以为陶类商品,等等③。可见,蔡元培先生是从广义的范畴来界定"装饰"的概念。广义的装饰是指一切装饰行为和装饰现象;而狭义的装饰主要是指装饰行为的结果,如具体的装饰品类、图像、纹样等。

李砚祖认为,装饰作为一种艺术方式,以秩序化、规律化、程式化、理想化为要求,改变和美化事物,形成合乎人类需要,与人类审美理想相统一、相和谐的美的形态。装饰由于它自身的性质而具有普遍适应性和艺术的整合力,在建筑、绘画、雕塑、工艺等领域以及在整个生活空间的安排塑造上,装饰与其作为一种形式,不如说作为一种力、一种规范和一种基本性质被统合于其中。这里的装饰不等同于修饰、粉饰、涂饰和矫饰,不是做表面文章,文过饰非,而是一种改造、一种创建、一种新的整合。因此作为艺术形式的装饰与作为艺术方式、艺术手段的装饰,在各自的层面上表述着装饰的静态属性和动态结构特征,形成互补的关系。装饰作为艺术的形式或图式,可以是一种纹样、标志、一个美的符号,它有显见的形式自律和范畴。装饰作为一种艺术方式或艺术手段,它可以最终导致装饰艺术的完成,也可以

---

① 《中国大百科全书建筑·园林·城市规划》中规定:建筑装修(Finishing)是在建筑主体结构工程之外为了满足使用功能的需要所进行的装设和修饰,如门、窗、栏杆、楼梯、隔断等配件的装设,墙面、柱梁、顶棚、地面、楼层等表面的修饰。建筑装饰(Decoration)主要是为了满足视觉要求对建筑所进行的艺术加工,如在建筑内外加设的绘画、雕塑等。而在《中国土木建筑百科辞典(建筑)》中,"建筑装饰"是指"旧称建筑装修。在建筑物主体工程完成后,为满足建筑物的功能要求和造型艺术效果而对建筑物进行的施工处理。一般包括抹灰工程、门窗工程、玻璃工程、吊顶工程、隔断工程、饰面板(砖)工程、涂料工程、裱糊工程、刷浆工程和花饰工程等。按施工方法和本身的艺术效果,可分为普通、中级和高级三级。具有保护主体结构,美化装饰和改善室内工作条件等作用。是建筑物不可缺少的组成部分,也是衡量建筑物质量标准的重要方面。应做到美观、适用、经济、耐久,并尽量做到机械化和装配化施工。"可见,上述定义把"装修"与"装饰"混为一谈。

② 辞海[M].上海:上海辞书出版社,1989:2154.

③ 蔡元培在《华工学校讲义》中指出:"装饰者,最普通之美术也。其所取之材,曰石类、曰金类、曰陶土,此取诸矿物者也;曰木、曰草、曰藤、曰棉、曰麻、曰果核、曰漆,此取诸植物者也;曰介、曰角、曰骨、曰牙、曰皮、曰毛羽、曰丝,此取诸动物者也。其所施之技,曰刻、曰铸、曰陶、曰镶、曰编、曰织、曰绣、曰绘。其所写象者,曰几何学之线面、曰动植物及人类之形状、曰神话宗教及社会之事变。其所附丽者,曰身体、曰被服、曰器用、曰宫室、曰都市。……人智进步,则装饰之道渐异其范围。身体之装饰,为未开化时代所尚;都市之装饰,则非文化发达之国,不能注意。由近而远,由私而公,可以观世运矣。"转引:蔡元培.蔡元培美学文选[M].北京:北京大学出版社,1983:60.

存在于最终不是装饰艺术而是绘画、雕刻、戏剧等其他艺术形态中,即"装饰性"的存在。所谓装饰性,实际上就是人的装饰意志和装饰自律的属性所导致的装饰品格,而不是一种具体化的形式或美的风格,它存在于任何种类的艺术形态中。装饰性首先是一种性质,一种通过装饰形式得以抽象化、图式化、视觉化的艺术品质。它包括装饰艺术的自律——秩序、平衡、多样统一的基本法则和变化与复合,程式化、类型化、意象化的艺术方法以及明晰简洁的图式结构特征在内[①]。

英国设计家德莱赛(Christopher Dresser)认为,装饰是一种给事物或作品添加附加值并使之更美、更容易被人们所接受的辅助手段。E. H. 贡布里希(E. H. Gombrich)则从心理学角度出发,认为装饰是人进行某种秩序探寻的结果和成就之一,装饰的秩序就是人类审美心理秩序的具体反映。英国建筑理论家罗斯·斯克鲁顿(Roger Scruton)认为,装饰就是细部,能够受到欣赏,并且独立于任何主宰的美学。因此,装饰是模仿自然而产生的艺术。而且,装饰源于完整的体系,是合适秩序所需要的东西[②]。在根本的意义上,装饰是人类的一项对旧有事物改造重建使其新生新质的创造活动,是一种美形美质、造形于质、寓质于形的活动。可见,装饰既是一种赋予事物美的行为,也是一种艺术形态或形式。

(二) 建筑装饰的概念与内涵

在《辞海》中,"建筑装饰"是"不单独具有建筑的基本功能,但能充分表现细节的纹样或构件;装饰表达建筑的审美意义和象征意义"[③]。在《中国土木建筑百科辞典》中,"建筑装饰"被定义为"建筑装饰旧称建筑装修。在建筑主体完工后,为满足建筑物的功能要求和造型艺术效果而对建筑物进行的施工处理"[④]。沈福煦认为"建筑装饰不仅是指建筑表面为美观而设之物,也是一种建筑的视觉对象,是多种功能的,不但有美观目的,同时还有民族、地域、宗教、伦理、习俗、心态及情态意象等许多功能。或者说,它的语义是多层次的,从建筑作为文化的意义来说,建筑装饰可以作为一种'全息'对象看待。一座建筑的装饰全面地反映着它的本质特征"[⑤]。

基于以上论述,我们可以确定建筑装饰概念为"具有艺术审美价值的建筑构件或纹样,是表现建筑精神的重要物质载体"。因此,建筑装饰属于装饰,是建筑中的装饰。中国传统建筑装饰是儒家礼教下形成的文质彬彬的观念在建筑中的展现,虽然它没有具体的指向与含义,但是具有哲理的宽容性与概括性。同时,传统建筑

---

① 李砚祖. 装饰之道[M]. 北京:中国人民大学出版社,1993:2-3.

② 鲁道夫·阿恩海姆. 建筑形式的视觉动力[M]. 宁海林,译. 北京:中国建筑工业出版社,2006:195-196.

③ 辞海[M]. 上海:上海辞书出版社,1989:615.

④ 王其钧. 中国建筑装修语言[M]. 北京:机械工业出版社,2008:1.

⑤ 沈福煦,沈鸿明. 中国传统建筑装饰的文化源流[M]. 武汉:湖北教育出版社,2002:1.

装饰紧密结合建筑构架原理和造型,巧妙布局,形成了独具特色的结构方式和艺术形式。

从形态上分,建筑装饰主要为"装饰纹样"与"装饰构件"两种。纹样,是指按照一定图案结构规律经过变化、抽象等方法而规则化、定型化的图形。卢卡契认为,"纹样本身可以作这样的界定,它是审美的用于情感激发的自身完整的形象,它的构成要素是由节奏、对称、比例等抽象反映形式所构成"[①]。纹样按照一般图案学分类,属于平面图案范畴,有单独纹样和连续纹样两种。按照纹样表现的内容分为自然纹样(动物、植物、人像和自然景物)和几何纹样(方形、圆形、菱形、三角形、多边形等)。装饰纹样是人们长期的审美积淀,其最初来自人们的各种象征性动作姿势,随后加上各种意义或情感化的符号而演变为图案、图像、图画以及文字等纹饰。由于装饰纹样以建筑构件或装饰构件为载体,因而不具有独立的尺寸与体量。但是,它们具有丰富的艺术形式,能美化与提升建筑实体和装饰构件的艺术形式,从而形成良好的精神空间。

装饰构件是指具有一定造型与体量的装饰实体。如斗拱、梁架、吻兽、石狮、抱鼓石、影壁、墀头以及山花,等等。如果从装饰与建筑本体的关系上细分,装饰构件又可以分为独立性装饰构件和非独立性装饰构件。非独立性装饰构件是指对建筑构件进行修饰美化,与营建功能及立面构图有关的装饰构件。例如斗拱、梁枋、墀头、门墩、兽头及山花等。独立性装饰构件则是一些脱离建筑本体之外,为了增加美感或者传达某种寓意的装饰构件,如石狮、抱鼓石、门楼及影壁等。由于研究角度原因,本书将重点研究装饰构件的自身尺寸、比例、尺度、体量,以及它们与建筑空间之间的构图与布局关系。

在《大不列颠百科全书》中,译成"建筑装饰"的词主要有"ornament""ornamentation"与"decoration"。其中,"ornament"具有4方面含义:① 指建筑中添加在纯结构形式上的任何部位,通常作装潢和美化之用;② 指建筑和工艺美术品的艺术修饰,是给实用的物品附加上精致和优雅;③ 指某物增加优雅和美观的一附件或细部处理,包括浮雕、绘画、镶嵌、线脚和符号等;④ 指所有修饰、装点或盛饰主体建筑的物品,以丰富和美化建筑的形式和外观。"ornamentation"是指"任何用来装饰、装潢、修饰外表或增加总体美学效果的附属物或细部"。而"decoration"主要指装饰现象,表示整体意义上的装饰、装潢,如建筑内外的所有设计和陈设。经过比对,"ornament"最为接近"建筑装饰"的概念。

---

① 李砚祖. 装饰之道[M]. 北京:中国人民大学出版社,1993:7.

二、空间与建筑空间的概念界定

20世纪初,学术界才把"空间"作为建筑的核心。随着研究与探索的不断深入,各种学术观念迸出,"建筑空间"的内涵与外延不断地拓展,形成了较为广泛的概念。为此,本节重点界定本书中的"空间"与"建筑空间"的内涵。当然,需要在此指出的是,作为上下几千年的中西方建筑史,本节并非要涉及它们的全部,而是针对中西传统建筑中的空间问题作一简述。

(一) 空间的概念与内涵

在自然界中,万物皆有形。事物有形就会占据一定的空间,并发生着不同的运动和变化。在哲学上,"空间"与"时间"一起构成运动着的物质存在的两种基本形式。"空间"是指物质存在的广延性,"时间"则是指物质运动过程中的持续性与顺序性。空间和时间具有客观性,同运动着的物质不可分割。没有脱离物质运动的空间和时间,也没有不在空间和时间中运动的物质。人类对空间的认识是一种空间经验,空间是外在客观存在进入人类的眼睛而形成的三维的影像。因此,有生命的存在才有空间经验,空间是可被感知的。空间经验是人类认识空间和创造空间的感受过程。它可以被概括为3种方式:① 事物的位置、地方、处所经验。任何事物存在,一定意味着它占据了一定的空间,即为物理空间[①];② 虚空、状态经验,是一种"空"的状态;③ 形制、形态的广延经验。任何物体都有大小和形状之别,有长、宽、高的不同,这种物体形态与形制上的差异,以及特定的组合排列,能够带来不同的空间体验,即为心理空间[②]。实际上,对应上面的三种空间体验产生了三种空间观:"处所经验反映的是物物之间的相对关系,是空间关系论的经验来源——关系论(relationism);虚空经验反映的是某种独立于物之外的存在,是空间实体论的经验来源——实体论(substanti valism);形态经验反映的是物体自身的与物体不可分离的空间特性,是属性论的经验来源——属性论(property view)"[③]。人类早期对空间的认知概念并非是从空间的直接体验中抽象出来的,而是针对对象的具体定位而形成的一种空间经验。虽然空间是无形的,但空间的构成要素却是有

---

① 物理空间是有具体数量规定的认识对象,是有长、宽、高三维规定的空间体。它是一般空间的具体存在和表现形式,是存在于具体事物之中的相对抽象事物或元实体。一般空间是没有具体数量规定的认识对象,是无长、宽、高三维限制的空间体,是具体空间的本质和内容,是存在于具体事物和相对抽象事物之中绝对抽象事物或元本体。

② 心理空间是指物理空间的位置、大小、尺寸、形态、色彩、材质、肌理等视觉要素所引发的心理感受。

③ 吴国盛. 希腊人的空间概念[J]. 哲学研究,1992(11):67.

形的①。

1. 中国传统空间概念

基于天人合一、万物相连的观念,中国先人在与自然相处的活动中形成了独特的空间观念,他们的空间观蕴含了一种"自然实体"与无形的天道之间和谐一致的思想。据文献记载,早在新石器时期,先祖就已经开始观天象、定方位与定时间了。他们理解太阳和月亮之间是一种两极互补的关系,它们相互依存却又在昼夜变换中永不停息地进行着地位更替。从而产生了"东—西"的方向认知,并产生了一种对时间与空间的线性理解,提炼为"阴阳两极"的概念。在此基础之上,他们进一步衍生出"南—北"、"上—下"和"前—后"概念。而"阴阳两极"成为一个可以包含万物之道的空间概念。当这些二维概念组合成一体,一个平面空间就应运而生②。

当然,人们对空间的认知并未停留在平面层面上,而是逐渐与"天""地"或"上""下"的方位组合起来。根据《尚书·尧典》的记载,中国先人们在标识了四季(夏至、冬至、春分和秋分),了解了四方风向以及认知了四方之后,已经懂得四季的相互关联。天地、上下的概念与平面合为一体,从而形成代表宇宙起源和演化的"三维空间"意识形态。正如"天地四方曰宇,往古来今曰宙"③。其中,"宇"是指空间,"宙"是指时间。其描述的实质为一种时空统一的世界观。时间是"周期性变化"的,空间则是"非周期性变化"的。一切合乎周期性变化的东西都属于时间范畴,例如日月运行、四季更替等;而一切合乎非周期性变化的东西都属于空间范畴,例如四面八方、天下九州等概念。而且,先人趋向于以时间统率空间,从万物的生长变化中感受空间的生命形式。正如宗白华先生所说:"时间的节奏率领着空间方位,以构成我们的宇宙。所以,我们的空间感觉随着我们的时间感觉而节奏化了、音乐化了"④。同时,占历史主流的儒家思想则是将"忠、乐、礼、信"信息融入到方位之中。依据这种学说,东象征着春,同时代表忠,南则代表夏与乐,西为秋与礼,北为冬与信。通过这种方式,方位、时间和德行得以融合于一个统一的现世空间图式形象当中。

在先人的空间意识中,宇宙空间是一个充满了生命的空间,空间是由虚实相交

---

① 李砚祖教授认为空间的构成要素包括:① 空间的大小,指空间的广延度。② 空间的形式,指空间的可以呈某一几何形式自由形。③ 空间的比例,指空间的广延度之间形成的关系。④ 空间的走向,指在立足点处空间延伸的方向。⑤ 空间的边界,指空间围合的界面,如室内空间的地面、墙壁及天花。⑥ 空间的照明。⑦ 空间的音响,指在该空间范围产生回响的时间间隔。⑧ 空间的气息,指空间的流动、温度状况及空间内是否有异味或灰尘。⑨ 空间的拓展,指与该空间要联通的道路状况。⑩ 空间中的设备,如有无家具或其他装备。⑪ 空间与外界的联系,包括与邻近空间的联系、空间形式的序列关系等。转引:徐恒醇. 设计符号学[M]. 北京. 清华大学出版社,2008:124-125.

② 李晓东、杨茳善. 中国空间[M]. 北京:中国建筑工业出版社,2010:33.

③ 李守奎. 尸子译注[M]. 哈尔滨:黑龙江人民出版社,2003:52.

④ 宗白华. 宗白华全集[M]. 合肥:安徽教育出版社,1996:431.

的"气"①构成的。《淮南子》中也论述了世界的生成:"道始于虚,涯垠,气有清阳者薄靡而为天,重浊者凝滞而为地"。意思为,"虚"生宇宙,宇宙生"气",气有"涯垠",即具有空间性。"清阳"为天,"重浊"为地。整个天地在有与无,阴与阳的辩证关系中生生不息,周而复始地运转下去。天地万物构成一个和谐有序的有机整体,天地万物乃是"同体同构",即"天地合一,则万物生"。整个宇宙本初就是"一",由一元混沌之气,化为阴阳二气,清阳为天,浊阴为地,两气相感则化生万物。正所谓"道生一,一生二,二生三,三生万物"②。老子"一"的概念是空间图式的根本所在,从一始生二,二再化生三。推而广之,平面图式衍化为由阴阳合成的三维空间图式。阴阳以及平面宇宙概念在其中心的相互影响下最终产生了一个完美齐全、囊括万物的图式。它浓缩了三维概念的空间,从而推衍了一个区别于笛卡儿三维空间概念的,建立在精神意念之上的三位一体的空间理念。这就是老子道家空间概念的本体③。

2. 西方传统空间概念

在西方,空间"space"的词源自拉丁文"spatium",在德语中空间"raum"是一个哲学概念。但是,当德语的"raum"被译为"space"时,便失去了原有的哲学含义。虽然如此,但这并不能否认"空间"的原初意思是来自哲学概念,所以人类认识"空间"是从哲学开始的。

西方传统学者把空间当作一个独立于人的意识之外的客观实在物,从物理、哲学、心理等领域做出了诸多的论述。古希腊时期,人们就开始思考空间。毕达哥拉斯学派以"数"来认识空间,认为宇宙空间是一个以"数"建立起来的和谐空间。"数是一切事物的本质,整个有规定的宇宙的组织就是数以及数的关系的和谐系统。"他们认为"地是球形的",是绕着一个中心而转动的宇宙结构体系④。希腊哲学家柏拉图(Πλάτων)认为,有时间、有空间的东西是可以被创造出来的,而没有时间、没有空间的"理念"是无法被创造出来的。亚里士多德则提出了不同的空间概念,认为空间具有客观实在性,空间是容纳万物的场所,其中充满了物质和物质的运动,并非所谓的"虚空"。德国哲学家伊曼努尔·康德(Immanuel Kant)认为,空间是将

---

① "气"是一种客观存在的可感知而有难以琢磨的物质。它不依赖于人的意识而存在。正如亚里士多德所认为——事物的本质是由包罗万象的气所构成,而不是固态物质。"气"是实际存在的"无形"。它弥漫于整个空间中,将空间及其围合联系成了一个整体。

② 高诱. 淮南子注[M]. 上海:上海书店,1992:35.

③ 李晓东,杨茳善. 中国空间[M]. 北京:中国建筑工业出版社,2010:33.

④ 毕达哥拉斯学派主张:"万物的基础是'一元'。从'一元'产生出'二元','二元'是从属于'一元'的不定的质料,'一元'则是原因。从'一元'与'二元'中产生出各种数目,从数目产生出点,从点产生出线,从线产生出平面,从平面产生出立体。从立体产生出能被感觉到的一切物体,产生出四种元素:水、火、土与空气。这四种精神的元素以各种不同的方式互相转化,于是创造出有生命的、球形的世界。"转引:北京大学哲学系. 古希腊罗马哲学[M]. 北京:商务印书馆,1961:34.

人们感受到的对象直接抽掉后的纯粹的直观,并充分肯定了人的意识将空间表象展现出来的能力。

著名科学家阿尔伯特·爱因斯坦(Albert Einstein)则是把时间、空间与物质的运动统一起来加以思考,认为空间与时间是相对的,而不是绝对的。物体不仅是三维的,而且具有四维的特点,时空是一体的。他的空间概念使人们对空间有了一个全新的认识。美国当代符号主义美学家苏珊·朗格(Susan Langer)认为:"现实世界中的空间是没有形状的。即使在科学上,空间也只有'逻辑形式'而没有实际形状;只存在着空间的关系,不存在具体的空间整体。空间本身在我们现实生活中是无形的东西,完全是科学思维的抽象"①。挪威建筑理论家诺伯格·舒尔兹则以海德格尔的存在主义哲学为基础,运用心理学、建筑学等方面的研究成果,提出并详细分析了"存在空间"与五种空间概念②。并认为空间是"环境方面为人形成稳定形象的存在空间"。"人之所以对空间感兴趣,其根源在于(人类自身)存在。它(空间)是由于人抓住了在环境中生活的关系,要为充满事件和行为的世界提出秩序的要求而产生的。"③德国心理学与艺术理论家沃林格认为,空间使物彼此发生了关联并消除了个体的封闭性,正是这种充满自然气息的空间使物具有了时间性特质,并使之卷入到宇宙现象的交互更替之中④。

总之,人类的空间观念是在漫长的社会实践中逐渐产生的,是人们对自身生存处境和空间感知的理性思考。从本质上来说,空间代表着某种秩序。无论是康德或是达·芬奇,他们都把空间看作秩序性的根本前提,是表现外部事物的先决条件。

(二) 建筑空间的概念与内涵

空间是建筑的灵魂,建筑空间的演变记载了空间意识的变化历史。原始人最初选择居住在山洞里,可以遮风挡雨、阻隔寒暑、防止野兽袭击;或从森林中挑选出长短、粗细合适的树枝,在树上搭建巢穴或在地面上搭建简易的住所,这是人类最早的空间营造活动,也是营造建筑的原始活动。维特鲁威认为人类建筑最初来源于模仿,不仅模仿自然,而且人类之间相互模仿与竞争也促使了建筑的产生与不断发展。

1. 中国传统建筑空间概念

中国先人对宇宙的认识有着自己独特而系统的理解,他们将自己作为宇宙的

---

① 苏珊·朗格. 情感与形式[M]. 刘大基,傅志强,译. 北京:中国社会科学出版社,1986:85.
② 诺伯格·舒尔兹的五种空间概念:① 肉体行为的实用空间;② 直接定位的知觉空间;③ 环境方面为人形成稳定形象的存在空间;④ 物理世界的认识空间;⑤ 纯理论的抽象空间。
③ 诺伯格·舒尔兹. 存在·空间·建筑[M]. 尹培桐,译. 北京:中国建筑工业出版社,1990:1.
④ 沃林格. 抽象与移情:对艺术风格的心理学研究[M]. 王才勇,译. 北京:金城出版社,2010:29.

一部分,并在地球上建立了属于自己的微缩的"宇宙"——建筑,而建筑空间成为了表达人们理解宇宙的媒介。宗白华先生认为"中国人的宇宙概念本与庐舍有关。'宇'是屋宇,'宙'是由'宇'中出入的往来。中国古代农人的农舍就是他的世界。他们从屋宇得到空间观念"。先人是将天地宇宙看成一个有"宇"做屋顶、有"宙"做梁栋的"大房子"。人们在这所"大房子"的庇护之下安居生活。

由于在中国漫长的历史中,建筑始终被视作下等之作而得不到重视。因此建筑理论远不及书法与画论受到人们的青睐。从古至今中国有两位重要人物的重要思想和学说,将建筑空间观念提升到哲学层面上来。老子在《道德经》中论述"埏埴以为器,当其无,有器之用。凿户牖以为室,当其无,有室之用。故有之以为利,无之以为用"。老子很好地诠释了"有"与"无","利"与"用"的辩证关系。两千多年前,老子就已经很好地解释"空间"是建筑的本质,建筑正是人们对空间的需求而产生的。虽然建筑与绘画、诗歌、音乐以及雕塑都是空间的艺术,但是它们之间又有差异。绘画能够描写空间;诗能够唤起人们对空间的印象;音乐则能够给我们空间的类似形象;雕塑是维度空间,但却与人分离,需从外面来观看它的。而建筑则直接与空间打交道,它应用空间作为媒介,并把我们人摆到其中去,人可以进入其内部并在行进中来感受它的效果。因此,建筑的艺术,并不在形成空间的结构部分(即实体要素)的长、宽、高的总和,而在于那虚空的部分本身,在于被围起来供人们生活和活动的空间[①]。

在我国近代,对建筑空间的注意首先发端于美学。其中,宗白华先生提出"建筑空间"的概念与西方创立新的建筑空间概念大体同步。在他诸多的研究性论文中,表现出了对诗词、书法、绘画、建筑艺术中所存在的空间意识的重视。他提出空间是建筑艺术的首要品质,并从空间视角出发,将建筑艺术定义为:"建筑为自由空间中隔出若干小空间又联络若干小空间而成一大空间之艺术"。他还对中西方建筑与艺术中的空间意识作了对比分析,并指出西方人喜欢把建筑与外部环境孤立起来欣赏,而中国人则喜欢通过建筑物的门窗去接触大自然,从一门一窗去体会无限的外部空间。小中见大,从小空间进到大空间,丰富了美的感觉[②]。这种对建筑空间的认识是植根于其"生命本体论"观点之中。

2. 西方传统建筑空间概念

西方传统的建筑空间的本质是场所,而现代的建筑空间概念是以笛卡儿三维直角坐标系为背景,从牛顿经典力学的物理空间概念中衍生出来的。黑格尔从建筑的原初目的来讨论空间,他认为"空间围合"的重要性是建筑作为一种艺术的目的。19世纪末,在德国建筑领域出现"空间"概念。英国建筑理论家彼得·柯林斯

---

① 布鲁诺·赛维. 建筑空间论:如何品评建筑[M]. 张似赞,译. 北京:中国建筑工业出版社,2006:157.
② 宗白华. 艺境[M]. 北京:北京大学出版社,1997:369-370.

(Peter Collins)在对大量建筑论文考证的基础上提出:"直到 18 世纪以前,就没有在建筑论文中用过'空间'这个词。而将空间作为建筑构图的首要品质的观念,直到不多年以前还没有充分发展。……从 19 世纪开始,就有许多德国的美学家在现代建筑的意义上来使用'空间'这个术语。最好的例子是黑格尔,他的《艺术哲学》里就大量的使用了这个术语。"[1]1898 年,建筑第一次被称为"空间艺术"。从此,建筑就此找到了自己的归属与意义。

与此同时,西方现代建筑美学明显地带有现代主义色彩。美国建筑学家路易斯·沙利文提出了"形式服从功能"的建筑美学观点。他是从建筑形式与空间以及内部功能之间的关系的角度出发,提出现代的建筑美学观点。意大利建筑理论家布鲁诺·赛维(Bruno Zevi)对建筑空间的概念作了重要的描述,即"空间——空的部分——应当是建筑的主角"[2]。为此,他对西方建筑史进行了全面的观察,分析了每一个时期建筑的基本特征:古希腊的空间和尺度;古罗马的静态空间;基督教的空间中为人而设计的方向性;拜占庭时期节奏急促并向外扩展的空间;哥特式向度的对比与空间的连续性等。从分析中可知,布鲁诺·赛维是从空间的角度对各时期建筑进行分析并分类,而没有从建筑的形式或装饰风格的角度进行。诺伯格·舒尔兹则以海德格尔的"存在空间"(existence space)概念引入建筑空间的研究之中,在他看来,存在空间就是比较稳定的知觉图式体系,即环境的意象(image);所谓"建筑空间"可以说就是把存在空间具体化。二者的关系是——存在空间是构成人在世界内存在的心理结构之一,而建筑空间则是它的心理对应[3]。弗兰克·劳埃德·赖特(Frank Llod Wright)也主张"空间是建筑的主体",并认为自己的观念与老子的空间学说有密切关系。苏珊·朗格则从视觉感受的角度出发,认为建筑被如此普遍地当作空间艺术,意指实际的、实在的空间。但是,建筑是一种造型艺术,不管有意无意,它首先获得的是一种幻象,一种转化为视觉印象的纯粹想象性或概念性的东西。

3. 本书建筑空间概念

鉴于上述诸多论点可知,建筑不仅仅是一种营建物理空间的活动,也是包涵了各种文化、伦理与审美因素的社会活动的产物。建筑的本质是关于"空间"的复杂的整体系统,"建筑意味着把握空间"(格罗皮乌斯)。因此,"建筑空间"是指"经人建造的,从几何化的物理虚空中划分出来的部分"。但是,"建筑空间"是无形的,是需要通过实体要素的限定才能被感知的空间形态。从建筑构成来说,"建筑空间"是由地板(地面)、墙壁(木板)、天花板三要素围合限定出来的空间。由于建筑空间

---

[1] 彼得·柯林斯. 现代建筑设计思想的演变:1750—1950[M]. 英若聪,译. 北京:中国建筑工业出版社,2003:286-287.

[2] 布鲁诺·赛维. 建筑空间论:如何品评建筑[M]. 张似赞,译. 北京:中国建筑工业出版社,2006:16.

[3] 诺伯格·舒尔兹. 存在·空间·建筑[M]. 尹培桐,译. 北京:中国建筑工业出版社,1990:8.

的多层次性,詹和平教授在《空间》中明确指出——建筑空间分为三种类型,即内部空间、外部空间和灰空间①。

　　一般而言,建筑的"内部空间"是指由地板、墙壁与天花板的内立面围合而成的"虚空的部分"。建筑的"外部空间"是指由地板、墙壁与天花板的外立面与周边环境共同组合而成的"虚空的部分"②。日本建筑大师芦原义信认为,外部空间是"从自然当中由框框所划定的空间,与无限伸展的自然是不同的。外部空间是由人创造的有目的的外部环境,是比自然更有意义的空间"③。换句话说,外部空间是没有屋顶的建筑空间,是由比建筑少一要素的二要素所创造的空间。因此,外部空间是相对于内部空间而言,如果说建筑实体的"内壁"(内立面)围合成"虚空"部分形成了建筑的内部空间;那么建筑实体的"外壁"(外立面)与周边环境共同组合而成的"虚空"部分,则形成了建筑的外部空间。正如布鲁诺·赛维对建筑内外空间的定义一样——"由于每一个建筑体积、一块墙体,都构成一种边界,构成空间延续中的一种间歇,那么每个建筑都会构成两种类型的空间:内部空间——全部由建筑物本身所形成;外部空间——由建筑物和它周围的东西所构成"④。由此可知,建筑的本质是关于"空间"的复杂的整体系统。

　　沈源博士认为,"建筑的空间"应从两个不同的角度加以解释和界定:一方面,从"空间"作为"抽象的概念"的角度而言,"空间"一词并非仅仅指狭义的三维空间,而是指作为三维生物的人类所能够感受到的所有的"维度空间",即三维空间以及低于三维的空间。另一方面,从"空间"作为"人的主观体验"的角度而言,我们所谓的"建筑"是由三个不同的空间部分组成的:内部空间、建筑空间形式本身及外部空间。这三个空间部分共同组成了一个不可分割的整体,它们彼此相互牵连、彼此制约⑤。

　　由于中国传统建筑观使得人们不会把各种使用功能集中于一栋建筑之内,而是通过多座具有相似功能的建筑组合——庭院来加以解决。因此,封闭的庭院空间也就成为内部空间的延续,在内部空间不发达的状况下,庭院可以成为有效补充。徐州传统民居的庭院空间是真实有形的,它们由各种建筑立面四面围合而成。这些庭院空间具有人为的计划性和内向性的秩序性,通过空间大小、开合、明暗、高

---

　　①　"灰空间"概念是由日本建筑师黑川纪章提出。他在《日本的灰调子文化》中写道:"作为室内室外之间的一个插入空间,介于内与外的第三域……因有顶盖可算是内部空间,但又开敞故又是外部空间的一部分。因此,'缘侧'是典型的'灰空间',其特点是即不割裂内外,又不独立于内外,而是内和外的一个媒介结合区域。"传统民居中的廊道空间即为灰空间。正如潘谷西教授在《中国建筑史》所指出:"在古代茅茨土阶的条件下就用屋顶出挑的部分再次创造了一个檐下空间,以及亭廊等下部的廊下空间,形成了中国特有的空间层次,即在古代中国人的室外自然与室内生存空间之间横亘着院落空间、檐下空间、廊下空间等多重屏障,两级之间的多层次中性空间正是中国建筑群多层次的具体表现。"

　　②　詹和平.空间[M].南京:东南大学出版社,2006:31.

　　③　芦原义信.外部空间设计[M].尹培桐,译.北京:中国建筑工业出版社,1985.

　　④　布鲁诺·赛维.建筑空间论:如何品评建筑[M].张似赞,译.北京:中国建筑工业出版社,2006:14.

　　⑤　沈源.整体系统:建筑空间形式的几何学构成法则[D].天津:天津大学,2010:37-38.

低及疏密的对比，使庭院充满情趣，缓解了封闭感，形成了积极的外部空间。萧默先生也认为"由于古人的宇宙观和自然观，中国建筑更着意于建筑沿着水平方向延展的群体组合和由群体所围合的空间。庭院空间是露天的，二度的，只有长、宽两个尺度。在中国人的观念中，这种主要体现为庭院的、相对单体可称之为'外部空间'的空间，就围墙所限定的整个建筑群而言，又成了内部空间。其单体的内部空间则比较简单"①。因此，庭院空间相对于单体建筑来说是外部空间，但对于大自然来说，它又是内部空间。

综上论述，本书的"空间"是指"建筑空间"，而不是其他。结合建筑装饰的研究，本书的"建筑空间"应包括：二维的建筑立面、三维的内部空间及庭院空间。

三、建筑装饰的布局关系

清华大学李晓东教授认为，理解建筑装饰的布局关系实质就是研究建筑装饰的空间系统性。"局"是一个由各种矩阵构成的系统规范，从整体到局部的统一性，以限定局部元素的空间位置，即从宏观到微观的分层结构。而"布"则是排列系统，显示了从微观到宏观的增长过程。

为此，结合李教授的观点，本书需要从三个层面来理解建筑装饰与建筑空间之间的布局关系：① 分析位于同一建筑立面上的各类建筑装饰的位置、种类、数量及构成形式，研究它们是如何做到整体与统一；② 分析同一个内部空间中，各建筑装饰是如何分布与相互协调，从而形成一个整体；③ 分析在三类院落中，各个空间位置及各合院的建筑立面上分布建筑装饰的种类与数量，研究它们是如何形成主次关系，并排布于一个整体系统中。因此，研究建筑装饰的空间布局关系，不仅需要仔细深入分析每一个建筑装饰的位置、尺寸与体量等的度量关系，还要联系院落的整体空间，把它们作为一个整体来研究，才能真正领悟建筑装饰的意境与魅力。

（一）度量概念

度量，是用来刻画对象之间相互关系的定量描述，是数学、自然科学和信息科学中的基本概念和研究工具。"度量"一词最早见于《周礼·夏官·合方氏》的"同其数器，壹其度量"。《文子·自然》中也记载"老子曰：朴至大者无形状，道至大者无度量。故天圆不中规，地方不中矩"。《史记·范雎蔡泽列传》中有"平权衡，正度量，调轻重"的记载。由此可知，古人早已意识到"度量"是刻画事物特性的重要工具。在《辞海》中，"度量"有多重意思：① 用以计量长短和容积的标准。计量长短、

---

① 萧默.中国建筑艺术史：下卷[M].北京：文物出版社，1999：1106-1107.

容积的统称。度是计量长短,量是计量容积。② 指事物的长短、大小等特征。③ 规格,标准。④ 限度,限量。⑤ 法度。⑥ 估计,思量。⑦ 测量①。由此可知,"度量"既是名词,也是动词。作为名词,"度"是计算物体的尺寸,是平面上的数据;"量"是计算物体的体积,三维的体量。"度量"则是指事物的尺寸与体积。而作为动词,"度量"是指运用某种标准来测量事物的比例、数量及限度。

(二) 尺度、尺寸及体量概念

1. 尺度

在《辞海》中,"尺度"具有多层意思:① 规定的限度。例如《六韬·农器》:"丈夫治田有亩数,妇人织纴有尺度"。② 引申为准则、法度。例如唐诗"常闻先生教,指示秦仪路。二子才不同,逞词过尺度"以及宋词的"惟其平生不能区区附合有司之尺度,是以至此穷困"。③ 指计量长度的定制。例如,《宋书·律历志》载"…始知后汉至魏,尺度渐长於古四分有馀"及"乾德中,…由是尺度之制尽复古焉"。《震泽长语·音律》的"臣依周法,以秬黍校定尺度,长九寸,虚径三分,为黄钟之管"。④ 犹尺寸,尺码。如杜甫的"江心磻石生桃竹,苍波喷浸尺度足"。实质上,"尺度"是(人类)考察事物(或现象)特征与变化的时间和空间范围。从字面上分析,"尺"是一种工具,是空间大小的基本度量单位;"度"是度量,为动作,指用尺来测量或衡量。换句话说,尺度只是设计中的一种量度的方法,它不像公尺、公分那么简单具体,它是一种人与物,以及物与物相互之间的一定关系说明。在建筑学中,"尺度"是表达人们对建筑空间比例的大小关系的一种综合感觉。"在任何建筑物中,有三种情况可能是不同的:它实际的大小(机械度量),它看上去的大小(视觉度量),以及它给人的感觉上的大小(身体度量)。最后两种情况常常让人困惑,然而正是它感觉上的大小本身才具有美学价值"②。可见,视觉度量与身体度量为"尺度",建筑装饰处于建筑空间之中,并营造了建筑的精神空间,对人的心理感知造成重要影响。为此,建筑装饰的尺度是指建筑装饰整体或局部给人视觉感觉上的印象,以及与真实大小之间的关系。

2. 尺寸

"尺寸"的含义为:① 尺和寸;② 形容事物些许、细小或低微;③ 指些少或微小的事物;④ 法规、标准;⑤ 分寸,指适当的限度或程度;⑥ 指高低、长短、大小等。由此可知,尺寸是形式的实际量度,尺寸的长、宽和深决定了形式的空间体量

---

① 辞海[M].上海:上海辞书出版社,1999:962.
② 肯特·C.布鲁姆,查尔斯·W.摩尔.身体,记忆与建筑[M].成朝晖,译.杭州:中国美术学院出版社,2008:37.

和比例。

3. 体量

"体量"的含义为：① 禀性；② 气量，器度；③ 指建筑物的规模；④ 犹体谅。建筑装饰在空间上的体量包括长度、宽度及高度。建筑装饰的体量与建筑空间的关系极为密切。相同体量的建筑装饰，处于不同体量的建筑空间所形成的体量感受完全不同。同样的建筑装饰处于小体量的空间中会显得较大，而处于大体量的空间中则显得较小。当然，大体量建筑装饰在大的建筑空间中给人的感觉不一定大，反之，小体量的建筑装饰在小空间中也不一定感觉小。这种体量感主要取决于它们自身与空间的对比，即空间尺度关系。

需要特别指出的是，书中对徐州传统民居的各类建筑装饰构件的尺寸、体量及比例作详细的测绘，并详细地分解与分析数据，其目的是试图掌握它们的核心数据，为徐州传统建筑装饰的具体保护与修缮技术提供支持。

(三) 比例概念

在许多人看来，建筑装饰的"比例"是一种带着极大主观性的判断，人们凭着自身的感觉做出不同的体会和认识，而试图对建筑装饰的比例关系做出量化的规定，是十分荒谬的。其实，建筑装饰的美是一种根植于具有和谐比例的装饰构件之中，这种和谐性并非来自个人的奇想，而是得自客观世界[①]。柏拉图在《法律篇》中将美感与秩序感、比例感以及和谐感联系在一起，赋予了形式本体的地位。他认为，一切事物的本来面貌都是一些几何图形及其和谐的比例关系。亚里士多德也认为"美感来自比例"。维特鲁威认为建筑之美在于比例，"比例就是精致于每一构件之间以及整体之间相互关系的校验，比例体系由此而获得……在其比例上使每个单独的部分适合于总体形式"[②]。由此可见，比例对于任何事物来说具有决定性的作用。

在《辞海》中，"比例"是"图形的各部分或要素之间的比率，是协调与否的重要因素"[③]。在数学中，比例是总体中各个部分的数量占总体数量的比重，用于反映总体的构成或者结构。因此，比例是数量之间的对比关系，或是指一种事物在整体中所占的分量。相对于建筑装饰而言，比例是指建筑装饰本身的长、宽、高之间的比对关系，以及各部分在整体中所占的分量。比例的目的是要达到统一、均衡、突出重点。因此，尺度和比例既有联系又有区别：尺度是建筑物整体或局部与人之间在度量上的制约关系；比例则是物体各部分之间量度的对比关系。

---

① 　克利夫·芒福汀. 美化与装饰[M]. 韩冬青，等译. 北京：中国建筑工业出版社，2004：15.

② 　维特鲁威. 建筑十书[M]. 高履泰，译. 北京：知识产权出版社，2011.

③ 　辞海[M]. 上海：上海辞书出版社，1999：1525.

比例离不开"数",有"数学比例"与"视觉比例"之分。数学比例构成经典美感的方案。E.E.维奥莱特·勒迪克发现在古典建筑立面中大量存在等边和特定的等腰三角形的构图形式,尤其是"埃及三角形"。为此,他将埃及三角形用于兵工厂的立面构图分析,从中得到基本比例规律——门嵋位于立面纵轴线的中心位置,门嵋的宽度为4个单位的宽度,从而使门户正好处于建筑立面的视觉中心,形成轴线对称而又符合比例的关系。因此,比例是划分建筑物的一种手段,目的是要达到统一与视觉的均衡。同时,比例系统承担着"为整个平面或立面提供精确内在秩序的几何结构"①的任务。在中国,由于在整个历史进程中缺乏数学定则,因而无法直接得出这样的原理,虽然高度标准化和模数化的测量系统促使不同尺度的建筑内在保持着一致性与连贯性,但这并没有引起人们对比例法则的重视②。

当然,比例需要通过控制线(或辅助线)来表达。勒·柯布西耶专注于运用各种控制线来研究建筑各部分的比例关系,将各种控制线作为一种在建筑中创造秩序和美的方法的必要性。他认为"感知和洞悉自然"的关键在于几何学精神。他运用控制线对巴黎圣母院主教堂立面作了正方形和圆的比例分析——大教堂正面主体部分为黄金矩形中的正方形,两座塔楼位于二次黄金比矩形内,中间的正门也形成黄金比。而这些均需要依靠控制线来确定,控制线是一种视觉与精神上的满足,它引导我们去追求巧妙的协调关系,它赋予一个作品以韵律感③。

综上分析,本书建筑装饰与空间的布局关系应包含四方面内容:① 建筑装饰位于院落中的位置、数量、尺度及限度;② 建筑装饰位于立面上的位置、数量、尺度及限度;③ 建筑装饰位于建筑内部空间中的位置、数量、尺寸、尺度及限度;④ 各类建筑装饰自身的尺寸、比例、体量及限度。

---

① 李晓东,庄庆华.中国形[M].北京:中国建筑工业出版社,2009:81.
② 金伯利·伊拉姆.设计几何学:关于比例与构成的研究[M].李乐山,译.北京:中国水利水电出版社,2003:21.
③ 王贵祥,刘畅,段智钧.中国古代木构建筑比例与尺度研究[M].北京:中国建筑工业出版社,2011:45.

第三章 徐州传统民居建筑装饰形式与背景研究

任何一种艺术形式在其生成、发展及成熟的演变过程中,均会受其所处的自然环境、社会、经济及文化因素影响。因此,要研究徐州传统民居建筑装饰,则必须了解产生它们的历史文化、社会及自然等因素。徐州地处南北交界,既是楚汉文化发祥地,又深受周边吴越文化与道家文化的影响,加上各地商贾在徐州的购地营宅因素,促使徐州传统民居的建筑装饰具有"南北兼容,多元融合"的形式特征。那么究竟何为"南北兼容,多元融合"形式? 研究其形式的目的何在? 这是本章内容所要重点解答的问题。

一、徐州传统民居建筑装饰的产生背景

(一) 自然因素

徐州市地处江苏省西北部,苏、鲁、豫、皖四省接界处,西南两面和北面分别与安徽、山东两省接壤,东与连云港、宿迁两市毗邻,现有 5 个市辖区与 5 个县。徐州东西长约 210 千米,南北宽约 140 千米,总面积 11258 平方千米,占江苏省总面积的 11%。域内大部分为平原,约占徐州市总面积的 90%,海拔在 30~50 m。丘陵海拔在 100~200 m,面积约占全市的 9.4%。总地势由西北向东南降低[①]。由于建筑的形制及结构与气候有着重要的因果关系,印度建筑师 C. 柯里亚(C. Correa)曾提出"(建筑)形式追随气候"的口号。徐州地域具有四季分明、气候温和、无霜期长的气候特征,且四季之中春秋季短、冬夏季长、冬季寒冷。因此,徐州传统民居的构筑主要以解决冬季寒冷为主导向,以单体建筑三面严封以御风寒,庭院则开阔以纳阳光为特征。

---

① 赵良宇.环境·经济·社会:近代徐州城市社会变迁研究(1882~1948)[D].济南:山东大学,2007:14.

（二）漕运经济因素

漕运经济在徐州 2500 余年发展中起着重要的作用。徐州地处沂水、沭水以及泗水下游，境内河流纵横交错。古黄河斜穿东西，京杭大运河横贯南北。京杭大运河的开凿使得徐州成为南北水陆交通咽喉，是漕运的重要枢纽。为确保粮船正常通行，明代官府在京杭大运河的徐州段建闸，对来往的船只实行编队管理，并沿途设立纤道。据徐州地方志记载，每年经由徐州北上的粮船有 12143 艘，加上来往客货船只，每年通过徐州的船只已达 4 万～5 万艘，当时全国各地商贩云集于此。清朝的漕运除了沿袭明代制度外，还增设了漕运总督与押运官等。然而，由于黄河与淮河频繁决堤，运道损坏严重，清代漕运时通时阻。1824 年，淮河又决堤于高家堰，致使运河枯竭，漕运不通。同时，海上运输开始发展起来，河运因此衰落下来。加上黄河改道之后，徐州水运的枢纽地位丧失，经济也随之衰落下来①。

（三）传统文化要素

1. 汉文化

江苏地域文化在历史演进过程中，形成了宁、吴、扬、徐四个文化主区和镇、淮、通、盐四个文化亚区②。由于历史与地理位置原因，徐州传统文化在形成的过程中，积极地对其他文化进行吸收、融合及兼容并包。汪正章教授认为，虽然先秦的各种文化繁荣并各具特色，有齐鲁文化、秦文化、楚文化、燕赵文化、吴越文化以及周文化等。但是随着历史的发展与融合，各种文化之间的差异性越来越小，到两汉时期逐渐融成一个形态完整的汉文化。"（徐州）西泽中原关洛文化，北融齐鲁文化，南浸楚越文化；在固有文化的基础上，逐渐形成了徐州两汉文化"③。因此，徐州是以楚文化为核心，融合周边文化的汉文化。

2. 楚文化

楚文化原是长江中下游的区域文化，以浪漫瑰丽而著称。楚风中巫神与道骚共处，楚人渴望与神鬼沟通。因此，楚人无拘无束的想象力以及对生命意识的理念，决定了楚风所具有的造型特征及审美观念。多种夔龙与凤鸟纹样，不仅蕴含着旺盛的生命力，也是汉代人的精神载体。楚国东渐的三四百年间，楚文化随着政

---

①③　周学鹰. 徐州市域的两汉建筑文化［J］. 同济大学学报（社会科学版），2002(4)：29.

②　四个文化主区分别是金陵文化（南京）、淮扬文化（扬州）、吴文化（苏、锡、常）和楚汉文化（徐州）。四个文化亚区分别是京口文化（地处金陵文化、吴文化、淮扬文化结合部的镇江）、江海文化（地处海派文化、吴文化、淮扬文化结合部的南通）、淮安文化（地处楚汉文化和淮扬文化结合部的淮安）以及海盐文化（远离几个文化主区、特色显著的盐城）。

治、军事的攻势,不断融合被占领地的文化从而形成了较为先进的文化体系。战国末年,作为楚国大后方的徐州,留下了楚文化的深深烙印,汉画像砖上的龙、凤、导魂鸟、长袖舞等内容是佐证。汉代的楚文化,其实质是南方文化与黄土文化的交流与融合。而秦风为代表的黄土文化则凝重内敛、浑厚雄健。凝重内敛的秦风与浪漫瑰丽的楚风相融合,也正是汉代艺术最为显著的特征。为此,李泽厚先生指出"汉文化就是楚文化,楚汉不可分"①。虽然汉代已久远,但其文化与艺术的基因却深深地留在徐州人的骨子里。

3. 齐鲁文化

即儒家文化,齐鲁大地是儒文化的发祥之地。由于文化的传播主要取决于两方面:一方面是该地区与文化中心的距离,另一方面取决于该地域自身的特质。徐州与齐鲁两地毗邻,甚至共辖一区;而且,沛县与彭城等地"其民犹有先王遗风,重厚多君子,好稼穑",所以容易接纳齐鲁文化。至两汉时期,彭城已经与齐鲁之地成为儒文化的中心②。"在西汉初,基本上可以说'汉文化就是楚文化'。但至汉武帝时,'罢黜百家,独尊儒术',改正朔,易服色,确立各种礼制,逐渐形成以儒为主要特色的汉文化"③。至此,儒家思想成为徐州两汉文化的灵魂。

正是由于徐州传统文化特殊的历史渊源,给各种地域文化的交汇与融合、兼容与变通提供了良好的机遇。加上战争因素及商家的特有心理,使得徐州文化具有一定的保守性,对徐州传统民居与建筑装饰产生了重要影响。

(四) 中国传统建筑装饰的演变

了解一个事物,不仅需要熟知其产生、发展与演变的过程,还需要熟知其所处的时代背景与环境。建于明清时期的徐州传统民居,其建筑装饰必然受到了这一时期的装饰风格影响。加上中国传统建筑装饰的发展从未出现间断,犹如一条源远流长的大河,缓慢而沉着④。因此,研究徐州传统民居的建筑装饰需要了解中国传统建筑装饰的演变历程。只有如此,才能对徐州传统民居建筑装饰有一个更深、更全面的了解。由于木构建筑的自身缺陷,唐宋建筑遗存很少,大量遗存的古建筑多为明清时期建筑。因而,本书对中国传统建筑装饰演变的研究,是基于古代文献

---

① 赵新平. 汉马图像形式研究[D]. 西安:西安美术学院,2010:35.

② 王云度. 略论徐州在两汉文化中的地位[M]//王中文. 两汉文化研究[M]. 北京:文化艺术出版社,1996:8.

③ 吕品. "盖天说"与汉画中的悬璧图[J]. 中原文物,1993(2):7.

④ 梁思成先生曾经在《中国建筑史》指出:"历史上每一个民族的文化都产生了它自己的建筑,随着这文化而兴盛衰亡。世界上现有的文化中,除去我们的邻邦印度的文化可算是约略同时诞生的弟兄外,中华民族的文化是最古老、最长寿的,我们的建筑同样也是最古老、最长寿的体系。在历史上,其他与中华文化约略同时,或先或后形成的文化,如埃及、巴比伦,稍后一点的古波斯、古希腊,以及更晚的古罗马,都已成为历史陈迹,而我们的中华文化则是血脉相承,蓬勃地滋长发展,四千余年,一气呵成。"

典籍、建筑考古发掘资料及众多学术前辈们的著作与学术论文的基础之上,对各时期的建筑装饰进行粗线条式的梳理,以期寻找到一条较为清晰的发展脉络。

1. 先秦时期

从殷商时期青铜器的饕餮纹、乳钉纹及夔纹等装饰纹样中,我们可以推测出,当时人们为了在建筑环境中营造"巫"的氛围,已经在建筑上开始使用各种绘画性的装饰纹样。西周时期青铜器的建筑纹样则反映了当时的建筑形象。例如,青铜器的四足做成方形短柱,柱上置栌斗,在两柱的斗口内施横枋,枋上置二方块(类似散斗),和栌斗一起承载上部座子。方甗的下部,在正面设双扇版面,门扉划分为上下两格,门扇两侧各有卧棂与栏杆以作为建筑的入口;其余三面开窗,窗中仅施简单的棂格。同时,高浮雕的纹饰主题,在构图上已经由密转为疏朗,线条比较柔和,高低层次相差较大,给人一种清新的感觉。当时的建筑已采用抬梁式木构架,并出现彩绘装饰的现象[①],有"山节藻棁"与"礼楹,天子丹"的典籍记载。而且,板瓦表面已有饕餮纹、涡纹、卷云纹及铺首纹等纹样。

2. 秦汉时期

从众多的汉画像石(砖)资料可知,梁架结构到汉代已经基本形成了一个独立的体系,主要有抬梁式、穿斗式与井干式。其中,也存在具有叉手的梁架体系,叉手上施令拱替木承接屋檐,下接月梁,梁身卷杀,梁头延伸成外跳华拱。由西周时期的擎檐柱演变而来的斗拱,其结构简洁——或在栌斗上置拱,或将拱身直接插入立柱或墙壁内,或在跳头上再置拱1~2层,承托屋檐。斗拱的组合以"一斗二升"为最普遍,而"一斗三升"形式较少。同时,开始大量使用彩画对木构件进行装饰,并对建筑内部进行大量的室内装饰。装饰纹样主要有人物、几何、植物及动物等四类纹样。建筑装饰构件更为多样化,创造出许多种新构件,造型也朝着柔和与精美的方向发展。柱子有八角形柱、方形柱与俊柱,柱础出现莲瓣的新形式。据《三辅黄图》记载,建造未央宫时已经使用大量精美的黄金、碧玉饰件,精雕细刻的柱子、栏杆及色彩鲜艳的门窗。随着佛教的传入及推广,佛家的莲花、忍冬纹、火焰、飞天以及卷草等纹样在魏晋南北朝时期的建筑上得以广泛应用。莲瓣已用作柱础和柱头的装饰,莲花装饰出现在柱身中段,形成"束莲柱"形式,并引入了须弥座。内外檐的构件表面彩绘简约的图案,形式自由、粗放,写生手法浓重,还未形成定式。雕刻工艺精细,多采用高浮雕和透空雕手法,注重表现自然,形态浪漫,显得雄健而挺拔。

3. 隋唐时期

国力强盛的隋唐时期,其建筑规模恢宏,装饰华丽。由于工匠掌握了曲线与深

---

① 刘敦桢. 中国古代建筑史[M]. 2 版. 北京:中国建筑工业出版社,1984:39。

远出挑的技术,使得建筑轮廓出现了明显的曲线,结构系统日趋成熟。由于橡承重系统已经完全发展为檩承重系统,因此斗拱变得立体化,形式更为多样,斗拱也由结构构件逐渐走向(建筑)装饰。初唐斗拱只能出到两跳,盛唐斗拱已经有四跳并出现逐跳计心重拱的做法①。建筑台基的地栿、角柱、间柱以及阶沿石等构件均饰以雕刻。与此同时,建筑装饰在南北朝的基础上进一步融合发展,创造出统一和谐的装饰风格。建筑构件的表面大量使用锦纹、花草纹、菱形纹、连珠纹、流苏纹、火焰纹、云纹、如意纹及卷草纹等纹样,给人以富丽丰满和气势恢宏之感。彩画在南北朝已初步使用的"晕色"技法上,进一步发展为"叠晕"的技法,并对宋代的彩画具有重要的启蒙作用。石雕比魏晋南北朝时期更加繁丽,浮雕和线雕手法上也有了很大的发展。

4. 两宋时期

由于国力衰退,两宋时期的建筑规模比唐朝小些,各种装饰构件为避免生硬的感觉而普遍采用卷杀的方式,因而显得秀巧绚丽并富有变化。建筑构件已开始简化,斗拱的机能开始减弱,柱身增高,建筑的标准化与定型化已达到前所未有的水平。室内空间加大并简化梁柱上的节点,给人以开朗明快的建筑感觉,装饰风格也由宏伟绚丽转向小巧精致。从宋朝《清明上河图》中可知,当时建筑屋顶多用悬山或歇山顶式样。规模稍大的住宅,其院外建门屋,内部采取四合院形式。院内种花植树,美化环境。贵族官僚的宅邸外部建乌头门或门屋,门屋的中央造"断砌造",以便车马出入②。此时的建筑装饰以纤巧为风格,内容丰富,形式简约,达到变化与统一的审美效果,并结合现实生活所需,创造出具有人情味的空间氛围。雕刻工艺则更为精细,彩画则更为丰富。

同期的辽代则基本上继承了唐朝雄浑简朴的风格,斗拱雄大硕健,檐出深远,屋顶坡度低缓,曲线刚劲有力。建筑简洁朴素,雕饰较少,斗拱呈"＊"形或"＊"形。金代除了继承辽和宋的建筑风格外,还糅和了两者的特点并有所发展。彩画已在梁枋底部上画有飞天、卷草、凤凰和纲目纹等图案,斗拱上有莲花和其他花饰。颜色以朱红、丹黄为主,间以青绿。彩画有三彩遍装、青绿彩画和土朱刷饰三类。彩画由"如间头"和"枋心"构成,并使用"退晕"和"对晕"手法,构图上减少了写生题材,提高了设计与施工的进度,影响了明清的彩画③。

5. 元明清时期

由于各民族之间不同宗教和文化的融合,给传统建筑的技术与装饰增加了新的元素。元代的宫殿建筑已大量使用紫檀、楠木等名贵木材;主柱涂红色,绘金龙;

① 萧默.建筑谈艺录[M].武汉:华中科技大学出版社,2009:264.
② 刘敦桢.中国古代建筑史[M].2版.北京:中国建筑工业出版社,1984:252.
③ 刘敦桢.中国古代建筑史[M].2版.北京:中国建筑工业出版社,1984:252-257.

斗拱造型采用宋代式样；宗教建筑与传统建筑相结合，形成了独特风格。

明代建筑改进了元代殿宇减柱与移柱做法，使得斗拱结构机能发生了变化，斗拱与建筑的比例减小，排列更加丛密，使梁与柱的交接更加紧密，梁枋的面积增大。柱子开始变得细长，不再采用柱升起、侧脚和卷杀。由于梁枋面积变大，可供装饰彩画的面积增多了，从而促使官式彩画得到空前的发展，彩画的名称、种类、纹样、题材以及色彩等方面更加多变，逐渐走向程式化与规范化。

清代的建筑装饰艺术丰富多彩，出现了新的图案构图方式，新的雕刻工艺和彩画手法，新的艺术创意与表现形式，是整个时代的美学倾向。……技艺上，南北交融，而且南方对北方影响大，南式已成为社会时尚。官府对民间房屋的规制限定并不严格，只是延续明代不许用斗拱、彩画的规定，因此，民间建筑装饰得到普及和发展。同时，建筑装饰风格向纯艺术方向倾斜[①]。由于清代的繁荣以及奢侈之风的盛行，使得建筑装饰逐渐与建筑本体相脱离，追求一种绘画性的或雕塑性的表现效果，形成了繁琐、臃肿、柔弱的风格。

综上分析可知，中国传统建筑装饰的发展遵循着一种普遍规律——初期的艺术风格朴实无华，以功能性为主；鼎盛时期的艺术富于创新，装饰复杂；后期的艺术则变得墨守成规，精雕细刻。

（五）徐州传统建筑的演变

作为人类文明的载体，城市有一个产生、发展与衰落的形成过程。徐州城经历了一个漫长的由原始聚落向城市过渡的过程。原始社会时期，徐州市区已有原始村落出现。以徐州为根基的大彭国经夏、商时代的发展逐渐强大起来，成为商末霸国。但是于公元前1185年被商王武丁所灭。据同治《徐州府志》载："唐尧封大彭氏国，其城在大彭山下，距城三十里。"秦汉时代是徐州城最辉煌的阶段，西汉时期的楚国（徐州）是汉初首封同姓王之一，封土面积仅次于齐国。从汉初诸侯王国"宫室百官，同制京师"的记载来判断，徐州城内宫观楼阁、官署衙门理应一一俱全。据《水经注》记载："（徐州）大城之内有金城、东北小城，小城之西又有一城，刘公更开广，皆垒石高四丈，列堑环之。"可见，金城即为楚国的宫城，位于全城北偏东的地方。宫城主体建筑分为楚王处理政务的前殿与后宫妃嫔居住的内殿两部分。此外，城内还有一系列官署。南北朝时期，南北诸侯的拉锯战使得徐州基本上处于荒废状态。唐贞观五年，徐州城进行重新修筑，并筑有内外两重——即罗城和子城。在唐后期的藩镇割据，宋代的黄河南徙以及严重的洪涝灾害的多重打击之下，宋朝的徐州城已经危在旦夕。元朝的徐州城址迁于城南广运仓之地，并改名为武安州。明朝洪武间，政府废武安州城并在旧址上重建徐州城。后历次修建，使得城市功能日趋完善，城市布局渐趋合理。但是在洪水的侵害下，徐州城多次被毁，又多次修复旧城。清朝时期,政府对徐州城进行了修缮,修筑城墙、护城河及城楼,后经政府多次修葺,重新恢复了各面城墙、城门、城楼及马道,使徐州城又恢复旧观并有所拓展,周围已达 4.99 千米。新中国成立前夕,徐州城市面积为 12 平方千米,街道路古旧落后,交通十分不便,有名可记的街巷有 110 条。综上分析可知,徐州城经历了数次劫难而又获重生,地面建筑遗存稀少且珍贵。

二、徐州传统民居建筑装饰的形式

万物皆有形。一切皆是形式,生命本身亦是形式。美就是丰富的生命在于和谐的形式[①]。究竟何为"形式"?

在《辞海》中,"形式"是指"事物的结构、组织及外部状态等。与'内容'相对的一个哲学范畴"[②]。换句话说,形式是指事物内在诸要素的结构、组织和存在方式。它不仅是物体的客观外在形状——表现为形状、尺寸、色彩、质感等综合方面,也包含观者的主观意象[③]。而与之相似且极为容易混淆的"形式美",则是指事物(或艺术作品)通过形式所展现出来的一种视觉美感。"形式美"表现形式为:左右对称、主次对比、大小对比、色彩对比、形状对比、虚实对比、适宜的比例、均衡的视觉感受、统一变化以及黄金分割等。由此可知,"形式美"主要体现在事物的色彩、轮廓线、内部线条、大小比例与结构逻辑等方面。

"形式"与"形式美"之间关系密切,又有区别:形式是任何客观事物存在的基本方式,形式无好坏、优劣之分;形式美却要经过设计者的精心构思与千锤百炼才能达到美的高度[④]。形式是一种在空间和时间中可以感性直观的物质存在,而形式美是指事物的形式因素本身的结构关系所产生的审美价值。形式美的形态特征很多,它体现了形式结构的秩序化[⑤]。因此,形式和形式美之间是一种递进关系,前者是后者的基础,而后者是前者的升华。

在第二章中,本书已将建筑装饰分为"装饰纹样"与"装饰构件"两类。由于装饰纹样主要以二维平面的形式出现在建筑构件或装饰构件的表面,因此对其形式研究应以纹样的文化寓意、题材、构图形式、造型手法及雕刻工艺为主。而研究装饰构件的形式应以其造型、尺寸及体量为重点。

---

① 宗白华. 艺境[M]. 北京:北京大学出版社,1999:257.
② 辞海[M]. 上海:上海辞书出版社,1989:917.
③ 李国豪. 中国土木建筑百科辞典:建筑[M]. 北京. 中国建筑工业出版社,1999:381.
④ 诸葛铠. 艺术设计学十讲[M]. 济南:山东画报出版社,2006:92.
⑤ 徐恒醇. 设计美学[M]. 北京:清华大学出版社,2004:271.

（一）建筑装饰的属性

鲁道夫·阿恩海姆认为,事物的运动或形体结构与人的心理及生理结构有着某种同构效应[①]。相对于建筑装饰而言,其作用就是要善于通过物质材料造成一种"情景交融"的结构完形[②],来唤起观赏者身心结构上的类似反应。因此,建筑装饰是向人类解释建筑物的特征时产生的一种心境,也是解释建筑物的等级和存在的理由的媒介[③]。因而,建筑装饰作为一种文化符号,具有文化属性;同时因为具有一定的造型与体量,并与空间相互作用而具有物理属性。

1. 文化属性

纵观历史,以儒家文化为核心的封建社会形成了一套严格的等级体系与法律法规。建筑装饰与儒家的礼乐文化为同构关系而成为了一种文化符号。因此,徐州传统民居建筑装饰所具有的文化属性主要为吉祥寓意、教化寓意及社会等级性。

由于封建礼制限制,徐州传统民居的装饰纹样多以祈福、表达美好祝愿及图腾为题材内容。例如,徐州传统民居建筑装饰纹样中常用"瓜瓞绵绵""麒麟送子""福禄寿三星"等题材,反映了徐州人对生命的真情向往和对吉祥幸福的执着追求。同时,他们借助图案的寓意和"谐音"表达其真正的主题。他们常在装饰纹样中采用石榴、牡丹、桃子、如意、八仙、蝙蝠以及莲花等吉祥纹样,而对于一些认为不利的因素则极力避免。例如,院内不种桑(丧)树、槐(坏)树,而多种石榴(多子)与桂(贵)

---

① 鲁道夫·阿恩海姆. 视觉思维:审美直觉心理学[M]. 滕守尧,译. 成都:四川人民出版社,2012:188。

② 结构完形即"格式塔"。格式塔是指形式或形状,或泛指方式甚至于实质等意。它是指知觉进行了积极组织或建构的结果或功能,而不是客体本身就有的客观形。格式塔具有两个特征:一是格式塔的"形"由各要素和成分组成,但它决不等于构成它的所有成分之和。一个格式塔是一个完全独立于这些部分的全新的整体。为此,"形"是一种具有高度组织水平的知觉整体,它从背景中或其他事物中清晰地分离开来,而且自身有着独立于其他构成成分的独特特征。部分不能决定整体,整体的性质反过来对部分的性质有着极其重要的影响。二是格式塔是一种组织或结构,不同的格式塔有着不同的组织水平。而不同组织水平的格式塔往往伴随着不同的感受。在特定条件下视觉的刺激物被组织得最好、最规则(对称、统一)和最大限度的简洁的格式塔是令人愉悦的,即"简约合宜"。但刺激物不完美时,观看者会表现出一种改变刺激物的强烈趋势:一方面会放大、扩展那些适宜的特征;另一方面又会取消和无视那些阻碍其成为一个简洁规则的"形"的特征。如有缺口的圆形会被补全,不对称的图形会被视为对称。任何视觉的组织活动都不是任意的,虽然它有自身特有的倾向和规律,但不可避免还要受刺激物的制约。例如,那些相互之间离得近的成分或是在某些方面有相似之处的成分,会很容易被组织到同一个单位之中。同样,那些将一个面围裹起来的线,具有简洁性和连续性的轮廓线也被看成一个独立的整体,或是一个大的整体中的小整体。因此,在格式塔心理学中,任何形都是一个格式塔。格式塔不是指孤立不变的现象,而是指通体相关的完整的现象。完整的现象具有它本身完成的特性,它既不能割裂成简单的元素,同时它的特性又不包含于任何元素之中。格式塔理论和限定对于建筑装饰的研究而言具有重要意义。它提供了一个手段,提示了对建筑装饰的图形研究必须与观察者的存在相联系。就是说不仅考虑建筑装饰本身的象征内容与形式的关系,而且必须从视觉感受与图形的相互关系出发,在内容、图形与人之间找到互为影响的变化轨迹。

③ 李砚祖. 装饰之道[M]. 北京:中国人民大学出版社,1993.

树;屋顶的椽子数不能为单数(一子单传不吉利),椽子不能正压在梁中缝上,否则即构成"扰梁",等等。

由于中国传统文学与艺术具有"寓教于图"与"寓道于图"的传统,并广泛地用于戏曲、典故、绘画与建筑装饰等领域。因此,徐州传统民居建筑装饰系统中,常用具有儒家核心思想(孝、忠、礼)的"二十四孝""精忠报国""苏武牧羊"及"孔融让梨"等题材。主人希望通过这些典故,达到对后人的警示与教育目的。由于这些图像具有鲜明且通俗易懂的视觉特征,再加上耳熟能详的流传,使得它们比起那些难懂的文学典故来更容易被平民百姓所接受。而且,在装饰活动过程中,匠师会按照主人的意图,以不同的形式在不同的装饰空间中反复演绎这一主题。

建筑装饰是严格受控制的,要符合礼的精神。它既不能似书画那样肆意地表达个人情感,也不能像玩赏器物般追求品味,而是要符合其所处的社会等级,决不可随意更改而造成"僭越"。因此,历朝历代都对建筑装饰作出了严格规定。例如,《礼记》的"楹,天子丹,诸侯黝,大夫苍,士黈"的规定;唐代《营缮令》载:"王公以下屋舍,不得施重拱藻井"[①]。《宋史》载:"凡民庶之家,不得施重拱、藻井及五色文彩为饰"等。《明史》中规定:"公侯,(大门)用金漆及兽面锡环;一品、二品,绿油,兽面锡环;三品至五品,黑油锡环;六至九品,黑门铁环"[②]。《大清会典》载:"公侯以下官民房屋,梁栋许画五彩杂花,柱用素油,门用黑饰",等等。在徐州传统民居中,只有官邸式民居的梁枋可雕花彩绘(五彩杂花,而不是和玺彩画或旋子彩画),屋脊为雕花板脊,有正脊兽、垂脊兽以及走兽等装饰构件。一般民居的正脊为清水脊,客厅的正脊无兽头装饰。柱子为素油,不得彩绘或雕刻;门扇为黑漆木门,门钹门环,等等。

2. 物理属性

由于建筑装饰依附于建筑本体与材料而存在,受建筑空间、建筑实体与艺术造型规律的限制,只有三者完美有机的结合,才能构建出建筑装饰的本质特征。因而,建筑装饰具有物理属性。具体表现为以下四点。

(1) 造型与功能相适应

建筑是空间艺术,既要考虑材料、结构、工艺的视觉效果,又要考虑物理的牢固度和使用效果。出于固有的价值观与审美观,匠师们在建筑构件满足了基本的建造功能后,会对这些建筑构件进行艺术化处理,使其成为既有功能又有艺术美感的装饰构件。例如,徐州传统民居的槅扇,上部为通透的锦文格子,下部为实木的裙板。这种形式既适合通风采光又能保护隐私,而且具有一种质朴的图案美,满足了人们的审美追求。同样,处于视觉中心的梁枋,雕刻丰富,彩饰复杂,但为了防止雕

---

① 瞿同祖. 中国法律与中国社会[M]. 北京:中华书局,1981:147.

② 刘冠. 中国传统建筑装饰的形式内涵分析[D]. 北京:清华大学,2004:13.

刻对其结构造成损伤而采用彩画或浅雕工艺。再如,权谨牌楼屋檐下斗拱既是承托屋顶的结构,也是装饰化的构件。从形状到组织都经过了处理,以富有装饰意味的形象出现。积善堂的月梁加工成中央微微上拱的形状,整体富有弹性。大部分民居的柱身具有柔和的卷杀,以增加柱子的视觉稳定感。同时,卷杀增添了立柱的弹性和韧度,减轻了笨重感。可见,匠师们在深刻理解建筑构造的结构,熟悉材料性能,掌握纯熟的装饰技法的基础之上,智慧地把功能性的装饰构件转化成艺术品,追求结构与装饰的自然统一。

(2) 纹样囿于造型

装饰构件在承载装饰纹样时,必然会对装饰纹样产生限定。只有这样才能使得装饰构件既统一于建筑空间之中,又具有一定的独立性。装饰构件形体限定着的装饰纹样案的选择,装饰图案必须采用适形图案,即适合被加工构件的形状。例如,裙板为方形且面积大,适合雕刻有故事情节的图像,如"二十四孝"与"精忠报国"等历史故事或戏曲图像。处于檐下墙体的盘头与槏心处的开光,虽然为方形但面积小,只能雕刻松鹤、鹿等动植物图案。山尖处的山花则是被限于三角形与圆形内,因而采用"喜相逢"的构图形式,雕刻"双狮戏球"或"凤翔牡丹"等图案。

(3) 工艺与空间相适应

建筑空间对建筑装饰的工艺与造型具有限定作用。匠师们会根据装饰构件位于不同性质的空间与位置而对装饰构件的雕刻工艺进行调整。例如,位于视觉中心的装饰构件,其雕刻题材多为主人最为喜欢或极力表现的内容,而且雕刻精美,层次丰富。例如,盘头多位于建筑中上部,而且正处于 $30°\sim45°$ 仰视的最佳视点,因此常采用深浮雕形式,并且造型前倾 $45°$ 与视线形成正角状态,以符合人的视觉习惯。维特鲁威认为,由于我们面对建筑时,一条视线接触建筑物下部,另一条视线接触顶部,那么在顶部相交线会比底部的线长。如此一来,物体就会呈现向后倒的错觉。因此,为了修正视错觉所造成的形象,位于柱头之上的所有装饰细部,如挑檐石、山花及饰座都要各自前倾其高度的 $1/12$ 。如此才会使之看起来是垂直的[①]。位于梁枋之间的雀替,是建筑立面上惹人注目的构件,其雕刻工艺要比其他构件精细华丽许多。而处于视觉边缘的装饰构件,雕刻则相对简单些。

(4) 材质与空间相适应

建筑空间分内外,室外多风吹、日晒、雨淋,对建筑装饰材料的损伤性极大,因此多选择抗腐蚀性强的材料。由于石材质地坚硬,抗压性强,因而多做位于室外的石狮与抱鼓石。例如,青砖因耐风雨,抗虫蚁侵蚀而成为室外空间的装饰材料。而且,其质地柔软,能够深入刻画,既具有石雕的刚毅质感,又有木雕的柔美感,刚柔并济,质朴清秀;同时,砖雕不受封建等级制约,加上砖雕的材质与建筑本体同为青

---

① 维特鲁威.建筑十书[M].高履泰,译.北京:知识产权出版社,2011:94.

砖,色调和工艺高度的统一,仿佛是墙体上生长出来的装饰,自然而完整,是其他的材料无法取代的,因而深受民间喜爱①。木材因其耐风雨与虫蚁侵蚀性差,而成为室内空间的装饰材料。木材的柔软性决定了其易被雕刻,而且具有生命感,因而多做室内装饰,便于居于室内的人们有时间与心情来欣赏这些精美的建筑装饰。

(二) 装饰纹样的形式特征

不同的纹样就有不同的形状,纹样的内容与形式是互为统一的。一般而言,纹样的内容限定着纹样的形式构成,形式是内容的表现形式。内容是形式的规定,纹样形式的变化保持着与内容的一致性。而另一方面,形式不是完全地被奴化,成为内容的图解,而是在纹样的规律性基础上对于内容的积极揭示,它以内容的表达为形式结构的基础,并且融合在形式的审美结构之中。使形式成为内容的形式,表达的内容成为形式自身的内容,这样纹样内容与形式的关系是互为一体的,有时则可以转化,因而纹样的寓意便具有了既属于内容又属于形式的双重品质。

经分析,徐州传统民居建筑装饰纹样的题材和形式选择和中国传统儒家文化的主流审美观与价值观密切相关。

1. 图像为主,纹样为辅

徐州传统民居的装饰纹样主要为装饰图像、几何纹样、植物纹样。

(1) 装饰图像

由于装饰图像具有情节性、教育性、场面复杂的特点,成为传统民居装饰纹样中的主角。中国封建社会以孝为先,因而"二十四孝"题材在徐州传统民居的装饰纹样体系中居多。经过对比徽州、江南及其他地区的"二十四孝"图像,发现它们之间的区别不大,特别是人物数量、动植物图案、构图形式以及场景布置几乎是一样的,不同点在于图像分布的位置与雕刻工艺。原因正如巫鸿教授所认为的——中国的文艺故事到了东汉时期已成为反映社会价值的图像代码之一。被艺术化处理过的人物与事件更具有特殊意义的典型形象,不断地被重复而少有变化,直到永恒。因此,这类图像多以一个完整的故事情节或历史故事为导向去确定人物的数量、神态、位置、服饰及场景的塑造等要素。例如,翰林院裙板中的"二十四孝"的图案(图 3-1D)较为程式化:人物的数量多为 2～3 人,人物神态较为逼真,人物之间的位置关系构成三角形,为画面的中心。而山水树木、岩石与动物图案均为背景。不注意服饰风格与人物细部比例,整体风格较为装饰平面化。

(2) 几何纹样

由于几何纹样与植物纹样的造型相对简单,形式较为抽象,有时无法表达主人

---

① 季翔. 徐州传统民居[M]. 北京:中国建筑工业出版社,2011:94。

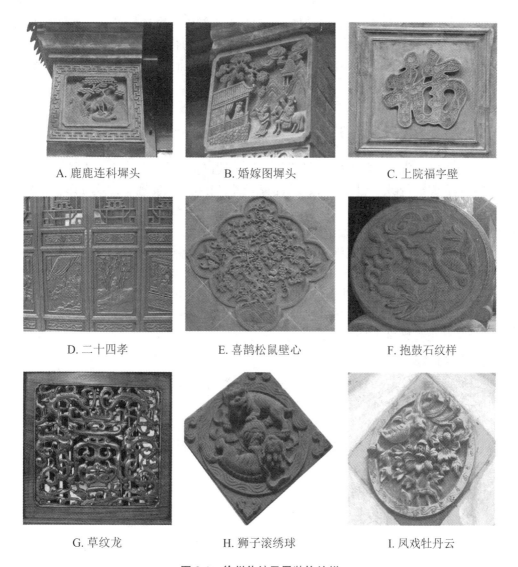

A. 鹿鹿连科墀头	B. 婚嫁图墀头	C. 上院福字壁
D. 二十四孝	E. 喜鹊松鼠壁心	F. 抱鼓石纹样
G. 草纹龙	H. 狮子滚绣球	I. 凤戏牡丹云

图 3-1　徐州传统民居装饰纹样

的审美意趣,因而在空间布局上多处于次要地位。依据形状的不同,几何纹样主要为回纹、云纹与如意纹。其中,回纹是以横竖短线作回环折绕构成方形或圆形的几何纹样,多被用于槅扇、裙板、窗户、挂落及栏板处。在徐州传统民居的装饰纹样体系中,回纹以两种形式出现:① 以回纹为基本元素,并与其他植物纹样,如枝条藤蔓、瓜果枝叶等进行结合,从而产生新的装饰图案。例如,翰林院的骑马雀替纹样,在彩色的植物纹样葡萄、绿叶、牡丹及动物纹样凤凰与金色的龙纹图案中穿插着蓝色的方形回纹,它似筋骨一样使得图案形成刚柔并济的视觉感受。② 以回纹为基本元素向四方延伸,从而产生新的装饰面。优点是装饰的空间不受限制,大小、方圆皆可。例如,"鹿鹿连科"墀头图案(图 3-1A),回纹边框使得整个盘头图案有了一个视觉上的空间界定。如果其边框为空白,则在视觉上容易与周边的空间混淆,使得中心的松鹤图案失去依托。再如,西客厅裙板处的金色拐子龙是回纹的变形,其不仅限定了中心图案的范围,增加了图案的立体感,而且在视觉上增加了亮度,彰显了西客厅的尊贵地位。

经过分析,徐州传统民居中大量使用回纹的原因主要有三点:① 其形式具有极强适应性和可塑性;② 回纹之间的空白符合装饰空间对采光和通风的功能要求;③ 与其蕴含着连续延伸、生生不息的吉祥意味有关。

另外,徐州传统民居中还少量用到云纹,云纹以上升的流畅舒缓的曲线形体为特征,似云似气,容易产生轻灵感。目前,笔者只在五处①发现了云纹踪影。在翰林院的"婚嫁"墀头图案中(图 3-2B),云纹似团团浮云绕在松树间,或漂浮在山岚上,使得原本略笨拙的画面顿时增加空灵感。吴家院的屏风雕刻,朵朵云纹浮现在仙人身边,不仅使得画面充满祥气,而且减轻了画面的笨拙感。再如,翰林院的福字壁(图 3-2C),其精华在于壁心"福"字。"福"表面线刻着云纹、寿桃以及蝙蝠纹样,而且外框用粗线进行勾边。如此精细的处理,不仅使"福"字脱离了相同材质的困惑,也形成了清晰的图底关系②,吸引人们的视线,而且也彰显了主人的儒雅气质,是吴文化精雕细琢的匠心体现。

(3) 植物纹样

植物纹样具有一定的生命活力,蕴含了人类对大自然的情感。它能为装饰空间增添灵动性,而成为装饰纹样中不可或缺的重要元素。徐州传统民居的梁枋、裙板、墀头以及挂落处多雕刻梅、兰、菊、竹等植物纹样,梁头雕刻成莲花造型等。这些装饰纹样在形状、构图以及雕刻手法上均与其他传统民居的装饰纹样有所不同。这是由于民间艺术具有较大的自发性和随意性,匠师在塑造过程中往往会在保持纹样基本的形式与寓意的基础上融入个人的主观性,从而形成地域性特色。

2. 饱满式与斗式构图

"构图"是指美术创作者为了表现作品的主题思想和美感效果,在一定的空间,安排和处理人、物的关系和位置,把个别或局部的形象组成艺术的整体。相当于中国传统绘画中的"章法"或"布局"③。马蒂斯认为,构图就是把画家要用来表现其情感的各种要素,以富有装饰意义的手法加以安排的艺术。而装饰纹样的构图,就

---

① 据调研,云纹出现在翰林院的"鹿鹿连科"及"婚嫁"墀头图案、福字壁的"福"字表面,吴家院的屏风纹样及权谨府的抱鼓石纹样。

② "图底关系"即是指一个封闭的式样与另一个和它同质的非封闭的背景之间的关系。即一种因素包含了另一种因素,一种因素互含互证了对方,两者关系形成互补互换的一种特殊的视觉现象。按照鲁宾的观点,被围裹在一条轮廓线内的面总是被视为"图",周围的线外的面被视为"底";就质地来说,质地紧密的容易被视为"图",相反,质地疏松的则被视为"底";就图像来说,较为规则和对称的被视为"图",其他的则被视为"底";就色彩来说,红色、白色则容易被视为"图",蓝色、白色易视为"底"。

③ 李砚祖. 装饰之道[M]. 北京:中国人民大学出版社,1993:283.

是把建筑装饰中的各类纹样通过某种方式统一起来,形成艺术美感,以表达作者的意图与情感。据分析,徐州传统民居装饰纹样的构图主要有两种方式:"饱满式"与"斗式"。

(1) 饱满式构图

饱满式构图,是指图案的各部分有序地充满于一个画面之中,不仅使画面具有较强的装饰性,也具有传达意念的清晰性。在合理的范围内,图案各部分不囿于形式的限制而将装饰意味传达出来,自由的同时又蕴含了规矩。从视觉上分析,形态饱满的构图是密度最平均、最稳定的表现形态;而且,重心居中的画面则没有明确的指向性和朝向感,是最容易形成一致的组合单元。因此,徐州传统民居的装饰纹样,多以饱满的密度来表现画面,使纹样以"适形"的状态"挤"在一定的几何形状内。槅扇裙板处的图像与纹样在方形的框内,各部分之间相互退让、相互取势,形成和谐的画面(图 3-1D)。

例如,影壁的壁心纹样(图 3-1E)多数采用饱满式构图,壁心的"葡萄与松鼠"图案力求饱满充实,画面中雕刻着浓密的串串饱满的葡萄与枝叶,六只神态各异并在枝间上蹿下跳的松鼠,左右两只在葡萄丛中穿行的雀儿。串串葡萄挂在枝头,枝蔓缠绕,松鼠与雀儿栩栩如生,画面热闹且具生气。六只松鼠与两只雀儿均穿行于葡萄与枝叶中,形成闹中生静的视觉效果。

再如功名楼院影壁的壁心雕刻着蝙蝠与云纹图案,它们占满整个菱形图面,密而不挤,疏密有序。

(2) 斗式构图

斗式构图,是指纹样内各种部分相互对立、相互和谐。表现为两种形式:中轴对称和均衡。例如,传统青花瓷中"加彩",称为"斗彩";传统建筑营造或家具制作中各种榫头的拼合,称为"斗榫"。因此,"斗"的实质意思就是"带有冲撞并融合"的构图形式。在徐州传统民居的装饰纹样中,斗式构图纹样展现出一种"对立而均衡"的形式感,基本形式为——各种纹样采用中间对称,左右纹样的形式、大小及比例完全相同;中轴线不明显而是隐含于纹样中;整体图案形成左右对称而又具有生气的构图形式。例如,草纹龙图案(图 3-1G)采用中间对称,左右纹样以丰富饱满的曲线向上升腾,好似凌乱,但其严格按照中轴对称原则布局,图案整体都显出稳定的节奏,使人近看和谐精致,远观则秩序井然,称之为"以斗生静"。

"斗"式构图的另一种形式表现为"以斗求动",即在一个图案中各种图形相互穿插形成一种动态的视觉均衡效果。这种构图左右纹样的形式、大小及比例不需要完全相同。但是它们必须以视觉均衡为构图原则,打破了固有轴线的束缚,使图案的各部分图形囿于限定的轮廓内互相争斗、互相借力,从而具有了强烈的视觉张力。例如,"狮子滚绣球"(图 3-1H)、"凤戏牡丹云"(图 3-1I)以及"鸳鸯戏水"等山花的纹样均采用了此种"以斗求动"方式。囿于圆形内的两只狮子围绕着绣球上下对立布局,加上其神态动势,产生旋转的动感,而外框的菱形恰是给动感的圆形予以稳定感,因而显得"动中有静"的视觉感受。再如,"凤戏牡丹云"图案中,凤凰张开翅膀飞翔于繁华盛开的牡丹之上,而不是穿翔于花丛中,如此构图使得两事物产生对立的效果,并产生对立和谐的平衡感。

由于中国人历来崇尚端庄稳重的审美标准,因此多数装饰纹样中采用"以斗生静"的构图形式。而且多数纹样位于面积较大,视觉位置较佳的地方。例如,屏风、槅扇与花罩等内部装饰构件;而"以斗求动"则因其鲜明的视觉效果而往往成为点睛之笔。

3. 图案化手法

徐州传统民居的建筑装饰多采用图案化手法[①]。它是指在进行装饰纹样创作之时,运用图案的设计手法将客观对象加以变化。它并不是一般性描绘,而是按照设计需要,对客观对象的形体取舍方面更加强调夸张与变形,以几何形状出现,将其定型化与规律化,以形成鲜明的节奏感。例如,"松鹤墀头"(图 3-2C)的松针似铜钱,飘于林间的似飘带的云纹与枝叶缠绕;仰首展翅以及屈身啄爪的仙鹤,遒劲伸曲的树枝及层层岩石,形成了丰富的装饰性画面。"拜师图"(图 3-2A)的花架与床榻的栏架都艺术化为环环相扣的曲线,前面人物采用团块化的处理方式,抓住人物的主要神态和动态,与曲线的配景形成对比,装饰意味更浓厚。从这些装饰化图案中,我们可以感受到匠师在线条的提炼和运用上的智慧。

变形是指形式、结构或物质方面的有意识的变更、转化或变化,属于图案化的方式之一。在传统建筑装饰中,匠师常运用变形手法。例如,为增加莲瓣的装饰效果,工匠会在素净的莲瓣上加花纹。为了使得植物纹饰显得丰富与热闹,常不顾其自然形态特点,把枝叶、花朵任意组合,树叶上可以开出花朵,花朵中心也可以长出树叶,猫肚子里也可以出现老鼠,正所谓"花无正果,热闹为先"[②]。例如,影壁的岔角图案(图 3-2E),采用蝙蝠、寿桃及植物纹样的变形方式。蝙蝠的翅膀与卷草纹样连在一起,前脚抓着寿桃,图案的创意显得巧妙、自然,而且恰好处于三角形之中,与壁心的图案形成呼应。再如,裙板的草纹龙(图 3-2B),采用龙头与植物纹样相结合,远观似卷草,近看似龙形,变与不变,似与不似得以完美再现。正如法国著名艺术史学家福西永(Henri Focillon)所认为的"形式不是简单的外形和轮廓,而是活生生的形态,处于不断运动与变形之中。……这些形式构成了一种存在的秩序,是能动的,具有生命气息。造型艺术的形态服从于变形的基本原理,通过变形,

---

① 李砚祖教授认为,在视觉艺术的层次上,装饰的图形化以纯粹的形式为视觉接受者提供和辅助了一个视觉的承受方式和视觉逻辑。这种视觉逻辑"并不是构成几何学的空间关系的概念性逻辑",而是来自人的生物本能的视觉逻辑,它决定了人的感知方式和愉悦程度及喜好。人类对装饰艺术形式的爱好具有趋同性,而这种趋同性正好反映了人类普遍地对装饰规律诸如秩序、对比、反复的认知和把握,而这种普泛化的共性的认识,最终来自于人的生理心理的本能,如左右对称给人的视觉愉悦感显然与人的左右对称的双眼结构机制有关,而秩序或有序化、节奏、反复与人的心律的搏动和人的生理机能相一致。

② 楼庆西.装饰之道[M].北京:清华大学出版社,2011:115.

A. 拜师图像裙板

B. 草纹龙裙板

C. 松鹤墀头

D. 婚嫁墀头

E. 蝙蝠寿桃岔角

F. 螺蚌抱鼓石

图3-2　徐州传统民居各式雕刻

它们不断更新,直到永远"[①]。图案化是写实性图像的变化与升华,它以超自然与超真实的形式再现世界,简洁的线条传递出简洁、灵动与传神韵味,深刻地体现着中国画的艺术精神。

4. 朴素浑厚的工艺

雕刻工艺是构成建筑装饰特征的重要元素之一。徐州传统民居建筑装饰的雕刻主要分为木雕、砖雕和石雕,并各具特色。

(1) 木雕

清代时期的木雕技法出现向立体雕发展的趋势,比如透雕、镂雕等多层次雕刻,力图在有限的画面内表现更丰富的内容。所雕的花枝形象更为生动饱满,掏地

---

① 福西永. 形式的生命[M]. 陈平,译. 北京:北京大学出版社,2011:18.

突花,穿枝过梗,灵活流畅。同时出现贴雕和嵌雕,出现多层叠压的效果①。因地域的差异,木雕也呈现不同的风格:北方木雕的雕刻较为粗犷豪放,注重写意风格的表现;江南木雕玲珑细腻,局部刻画精细、柔和,以写实风格为主体。不同的位置采用不同的技法,较多采用透雕,多以花卉为题材。徽州传统民居的木雕多采用多层镂雕工艺,其特点是构图精巧,线条流畅,刀法娴熟,布局有度,雕法自然,充分呈现了木材天然色泽与肌理的自然之美。层层透雕将动物的神采、花瓣的张合、树梗的穿插以及叶片的舒展,都表现得栩栩如生。相比较而言,徐州传统民居的木雕风格较为古拙朴素,技法刚劲洗练,注重整体效果,不似徽州或江南雕刻那般讲究手法细腻,层次丰富,内容繁杂;以浅浮雕为主,几乎没有透雕和深浮雕;其构图饱满,注重人物写意,对人物的面部表情,具体比例不注重,讲究场景化布局;对动植物与人像处理采用团块化方式;为突出装饰主题,在表现风景、动植物花卉时常采用概括简化和夸张手法;一般不涂油漆,保持木质本色,呈现了木材的天然色泽与肌理的自然之美。

(2) 砖雕

徐州传统民居的砖雕风格较为古朴,注重整体效果,一般为2～3层。雕刻刚劲洗练,以浅浮雕为主,借助于块面造型与光影的效果产生较弱的凹凸感;无透视变化,但是富于装饰味;对抽象的图案,采用简练明快的手法;对建筑、植物与人物的形象进行概括简化,强调神似而不注重形似,从而使得画面具有清新的整体风格。

(3) 石雕

徐州传统民居石雕技法简洁,混雕少,采地雕的凸出面较浅,纹样多为平面或凹面表现;图案装饰化;图案中分枝布叶不够活泼生动,但整体效果考虑较为纯熟,装饰意味浓重。例如,如意抱鼓石的纹样雕刻较为浑厚,鼓顶的狮头体型较大,神情凶恶,鬃毛成团;鼓面中心是高浮雕的"麒麟卧松"图,松球体积较大,麒麟与松形成了斗式的呼应关系;鼓脊前的宝相花以及须弥座的仰莲与覆莲均为壮硕。螺蚌抱鼓石的鼓面中心图像——骑着麒麟的牧童、荷花、祥云、岩石与花草,均采用高浮雕。而小鼓纹样——荷花、荷叶、水纹,与基座纹样——鸳鸯、荷花、荷叶、鱼,以及花托部分的几何形锦文,均采用较低的凸面并趋向于浅浮雕,具有清代典型石刻的风格。整体而言,动物外形简洁,对动物形体的细节不予刻画,而是在外形轮廓内装饰各种线条,从而使得画面既有粗犷感,又有精致的韵味,这是楚汉文化的粗犷风格与吴文化的精细风格相融合的体现(图3-2)。

---

① 孙大章.中国古代建筑史·第五卷·清代建筑[M].北京:中国建筑工业出版社,2009:454.

（三）装饰构件的造型源泉

结合形式的生成因素,徐州传统民居的建筑装饰的造型受建造和传统文化的影响,加上交往习俗及各地商贾定居徐州的因素,徐州传统民居的建筑装饰的造型形式多样。经过仔细比对与分析,将徐州传统民居建筑装饰的造型的来源归结为三方面。

1. 源于传统形式

经调研分析发现,徐州传统民居的斗拱、漏窗、部分吻兽、门扇及迎风花边的造型源于传统形式。

（1）汉式插拱

徐州传统民居的斗拱在造型上不同于其他地区的斗拱形式,而类似于汉代插拱造型。从汉代墓拱、画像砖的建筑图像以及《中国古代史》资料中可知,汉代斗拱的结构简洁——或在栌斗上置拱,或将拱身直接插入柱子或墙壁内,或在跳头上再置拱1~2层,承托屋檐,没有后来斗拱复杂的结构和形式。斗拱的组合以"一斗二升"为最普遍,而"一斗三升"形式较少。徐州传统民居的斗拱多数为2~3跳插拱形式,即在第二或三层的华拱上置座斗,座斗上安装厢拱和插梁,厢拱两端设置二个升承托檐檩枋,为"一斗二升"。插拱除了最上跳有一层厢拱外,其余都是华拱（昂）。整体简洁,结构性强,功能突出,"实用性大于装饰性"。这种插拱与《营造法式》与《清营造则例》中的斗拱及江南斗拱均不一样,是典型的汉代斗拱的模式,具有很强的地域特色,散发着浓郁的汉文化气息。

（2）饕餮纹漏窗

徐州传统民居的过邸外立面多采用不开窗户或漏窗,刘家院过邸的外立面采用漏窗形式（图 3-3A）属于特例。经过仔细的形式分析,刘家漏窗的砖雕纹样极似饕餮纹。众所周知,饕餮纹是刻于祭祀的青铜器表面上的纹样（图 3-3B、C）。它源于古人的幻想与创意,目的是恫吓人们。因此,饕餮纹具有神秘的原始力量,形式狰厉而恐怖。刘敦桢教授认为,饕餮纹实为兽面纹,是由动物躯体加上牛角和一双大眼睛构成的纹样。有美国学者认为"'饕餮'一词指平展地装饰在器物表面（的）面具般的动物形象。……它的腿、尾和示意性的身体分列在面部两侧。除了填充在图案中的线条有些变化外,兽面的两部分左右对称,从额部到鼻子为其轴线,这条轴线有时不太明显,有时则形成一条中脊"[1]。当然,饕餮纹不断地向多变和互补的方向进行"变形"。在许多案例中,饕餮只有一对眼睛,周围的线条极度抽象化,并逐渐加入一些细节,但各部分的轮廓却越来越模糊。

---

[1]　巫鸿. 中国古代艺术与建筑的纪念碑性[M]. 李清泉,等,译. 上海:上海人民出版社,2012:55-56.

虽然历经几千年变化,衍生出许多形式,但饕餮纹基本的形式与韵味始终未变——动物性的形象常表现为两只相对的侧面的"龙纹",两龙共同形成了一个正面的兽面,而且有双与观者对视的"眼睛"。刘家院漏窗纹样采用中轴对称式,左右各为一只草纹龙。镂空部分似一副变形的眼睛,让你产生恐惧感,而这种图案形式与"饕餮纹"酷似。

A. 刘家漏窗

B. 先秦青铜器饕餮纹

C. 先秦青铜器饕餮纹

图 3-3   徐州传统民居漏窗

图片来源:《武梁祠》《中国古代史》、自摄

(3) 铁皮包门

由于地处"兵家必争"之地,徐州传统民居的门户具有强烈的防御意识。一般而言,一樘完善的"门户"应由三种构件构成(图 3-4A):① 固定的框槛;② 开启的扇;③ 固定的门扇。徐州传统民居的门户由门扇、门簪、门环、门钉及看叶等主要构件组成。门扇由几条长条厚实木板拼合而成,后面横置几条木条并用铁钉将其固定,门洞两边有腰杠石(中间留有圆眼可穿横木)以栓门起加固作用。有的民居还有上下腰杠石,称之为"天地杠"。因此,大门一旦关闭,外面很难打开。而室内却设有暗门,可以通往其他院落。整个门扇表面为黑色铁皮,表面有圆形小钉,它们排列成几何图案形式,称之为"铁皮包门"(图 3-4B)。加上狭窄的门洞,它们共同强化了门的防御性。

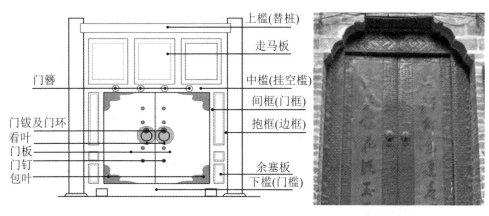

A. 门户结构图   B. 铁皮包门

图 3-4   徐州传统民居门户

（4）宋式"迎风花边"

徐州传统民居的底瓦端头称"滴水"，而盖瓦端头形似猫脸，称之为"猫儿头"。在盖瓦之上还有一块反翘向上的瓦，称之"迎风花边"。花边正立面呈扁长扇面形，颇有宋式重唇板瓦的遗韵。徐州传统民居的迎风花边与苏州民居的迎风花边的造型相似，但与徽州三角形的迎风花边不同，而扬州传统民居则没有迎风花边。徐州传统民居的瓦檐门与院内过邸均具有汉代建筑遗风，特别是正脊的形式。正脊为清水脊，两角微微上翘，无兽，末端为鳌尖式。檐墙的屋檐平直，正脊为青砖垒砌筑，屋檐较短，无法阻挡风雨（图 3-5）。

图 3-5   迎风花边

(5) 金式兽头

经考证,徐州传统民居正脊上的兽头是源于山西传统民居的兽头[①]形式。但翰林院前八字壁上的兽头(图 3-6A)造型属于特例,它与金代崇福寺(图 3-6C)的吻兽造型极为相似。其整体造型似鳌鱼,两首一身,没有龙角;一首咬住正脊,另一首朝外。明清时期的宫殿、宗祠及寺庙的吻兽的背兽一般都很小,而翰林院前八字壁的背兽与咬住正脊的兽头一样大,这种造型与金代崇福寺的吻兽造型一模一样。据史载,在南宋时期,徐州处于金朝的统治之下达一百多年,因而笔者推断徐州传统民居的个别建筑装饰势必会受金代建筑装饰形式的影响。

A. 八字壁兽头　　　　　　B. 辽代寺庙兽头　　　　　　C. 金代崇福寺兽头

图 3-6　徐州传统民居兽头

图片来源:《中国古代史》、自摄

2. 源于南北形式融合

徐州传统民居建筑装饰的形式中,属于南北融合的形式较少,主要为部分石狮、墀头、彩画与门户。

(1) "北体南姿"式石狮

徐州处于南北交界地,石狮既有北方石狮的体量,又有南方石狮[②]舒展流畅的优美体型。例如,翰林院石狮(图 3-7A)具有北方石狮的高大威猛体型(图 3-7D),又具有南方石狮(图 3-7E、F)多姿的动态。石狮体型较大,头部呈正方体,头上有鬐;头顶为螺旋状鬃毛,耳朵半隐在卷毛中;两眼炯炯有神,鼻孔收缩(不似北方狮

---

①　正吻最早见于汉代石阙,当时的形象类似凤鸟。汉代柏梁台火灾,因汉武帝信"南海有鱼虬,尾似鸱,激浪降雨",故建筑正吻由凤鸟改成鸱尾形状,以厌火祥。南北朝后,由于佛教兴盛,正吻形象逐渐演变为"鸱尾"。唐朝时期,鸱尾演变为口吞屋脊的"鸱吻"形式。宋代以后,鸱吻演变为"龙吻",或"螭吻",或"兽头"。明代后改成"吻兽"。

②　北狮的神态威武雄壮,蹲坐姿势,怒目咧嘴,表情端庄稳重。身体和四肢的雕刻简洁圆厚,胸前宽绶带雕有连续凸回形纹,中间叭嘎兽头口衔一銮铃,两肩是缨穗。四爪肌肉丰满突出,狮头顶螺旋卷毛整齐排列,额头肌肉隆起,双耳隐于大量的鬃毛中,紧锁双眉,眼睛圆瞪,圆鼻头,嘴阔,獠牙锋利,如嘶吼;南方石狮的造型似犬类,鼻大,嘴大,鬃毛卷曲,形态顽皮可爱,以立姿为多,身饰彩带,耳朵造型各异,而且扭头摆腰,形成较大的曲线,具有强烈动感。雕刻手法细腻精巧,刀法圆润华丽,线条柔美流畅,表情温柔可爱,表现出一幅逗人喜爱的滑稽形象。

子的鼻子扩展);嘴巴大张,下有龙须(不凸出),露出锋利的犬牙;双眼突出,眉毛扁平,表情严肃,神态威武。头部与全身的比例为1:3(北方石狮的头部与全身比例一般为1:3,南方石狮的头部与全身比例一般为1:2)。上述特征与北方石狮极为相似。石狮的前腿直立且细长,无关节细节刻画,没有肌肉感;后腿半蹲,爪子收着;左脚踏着方形的石墩,上刻有人物造型,与汉代石刻上的力士相似;胸前的锦带与铃铛及叭嘎兽衔穗的造型不凸出,台基为较薄的平台而非简易须弥座;而且身体颀长且动态多姿,这些特征与南方石狮相似。

A. 翰林院石狮

B. 户部山石狮

C. 无锡石狮

D. 故宫前石狮

E. 安徽包公祠石狮

F. 徽州陈友谅祠堂石狮

图 3-7　徐州传统民居石狮和其他石狮

再如,另一处石狮(图 3-7B),其体型较大,头顶鬃毛长但非螺旋状,似水纹;耳朵竖立,头部略呈正方体;两眼炯炯有神,眉毛为凸出的云纹;嘴巴大张,露出锋利的犬牙；鼻孔收缩，表情严肃，神态威武；直立的前腿粗壮有力，肌肉感强，爪子收起；胸前的锦带与铃铛及叭嘎兽衔穗的造型不凸出；底座为较薄的平台而非须弥座。相比较而言，处于江南吴文化中的无锡石狮（图 3-7C）则造型精细，体型较大，头顶有较多螺旋状鬃毛且长，似水纹；耳朵隐在卷毛中，头部略呈扇形；两眼炯炯有神，眉毛为精雕的云纹；嘴巴大张，露出锋利的犬牙，下巴下有两条粗壮的龙须；鼻孔收缩，上颚的造型更形似老虎，表情严肃，神态威武；直立的前腿粗壮有力，肌肉感强，爪子锋利；胸前的锦带雕刻精美，刻有植物纹样，系铃铛的兽头造型及铃铛造型都体量凸出；底座多为简易须弥座。因此，相比较南北两方的石狮，徐州传统石狮的造型具有"北体南姿"的特征。

（2）南北做法式墀头

由于墀头位于槅扇或槛窗立面的左右两边，在立面上处于凸出的位置，因此南北方传统民居均重视墀头装饰，其中山西与江南民居的墀头雕刻极为复杂。相比较而言，徐州传统民居墀头在装饰体系中位于次要地位，没有复杂的雕刻纹样。雕刻工艺较为粗犷，集中在肚兜处，曲面部分体量大。但是，墀头的具体做法却具有南北融合的特点——最上面使用 3～5 层盘头，戗檐砖只为一层砖；最下层为混砖，上层为南方的仰混。如果为五层盘头，则在第三层用雕花砖（北方称"炉口"）替代，下面做曲面（即枭混与荷叶墩），最上层为靴头砖；盘头之下为兜肚，多为各种图案的浅浮雕（此种形式与山西民居的墀头相似）；兜肚之下部分为磨砖对缝的青砖墙体。北方传统民居惯于在盘头的枭混下插入挑檐石，挑檐石的正面为曲面形状，恰好与盘头的枭混部分连成一体，起到加固墙体及承托盘头的作用。而徐州传统民居则在盘头的枭混下插入印子石，以起到加固墙体及承托盘头的作用。由于肚兜没有做一定的倾斜，为平直，不符合人们的视觉习惯。多数民居的墀头下碱为砖砌墙体，讲究的民居则会在下碱的墙角处加上青色角柱石，既有装饰效果，又有保护的功效（图 3-8）。

（3）过渡式官式彩画

梁枋彩画具有功能、美学与礼仪等级的作用。彩画出现较早，如《礼记》"楹，天子丹，诸侯黝……"及《吴都赋》的"青琐丹楹，图以运气，画以仙灵"等记载。按等级性分,传统彩画主要为三类:和玺彩画、旋子彩画和苏式彩画①。据实际调研,徐州传统民居中的彩画运用很少。目前,翰林院的西花厅抬梁与船篷轩彩画、腰廊彩画以及权谨院的牌楼彩画已经被修复,而郝家院的彩画已经损坏。孙统义与杨红认

B. 北过邸榫头

A. 窑湾民居榫头

C. 墨缘阁榫头

图 3-8　徐州传统民居墀头

为,徐州地区的传统彩画具有明显的地域性特征,它与正宗的北方官式苏画及江南苏画均不同,而是江南的苏式彩画传入到北方后成为官式苏画的过渡式样——在梁架的构件上绘彩色的植物纹、动物纹及人物图像或场景图案,没有对构件本身进行雕刻(而徽州与江南地区的梁架喜欢雕刻)。虽然彩画的色彩鲜艳分明,很少使用补色与对比色,但是视觉感强,具有浓郁的苏北地方特色。它们以蓝色、绿色为

---

①　和玺彩画为最高彩画,由枋心、藻头及箍头三部分组成。枋心位于梁枋之中,占构件的三分之一,内多绘龙、凤等图案,且大面积用金,最为亮丽辉煌。枋心与藻头之间有"Σ"形括线相隔,为识别和玺彩画最显著的标志。按照枋心不同的图案来分,和玺彩画有金龙和玺、双龙和玺、龙凤和玺、龙草和玺等种类。旋子彩画等级次于和玺彩画,旋子彩画藻头图案的中心有花心(旋眼),花心的外环为两层或三层重叠花瓣,最外绕一圈涡状的花纹,即旋子。旋花以一整两破(即是一整团旋花、两枚半个旋花)为基本构图。随着梁枋、檩枋和大小额枋的长短高低,画面旋花可以有不同的组合。旋子彩画按各个部位用金的多少和颜色搭配的不同,分为浑金旋子彩画、金琢墨石碾玉、烟琢墨石碾玉、金线大点金、金线小点金、墨线大点金、墨线小点金、雅伍墨、雄黄玉 9 种,采用某种类型视建筑的等级而定。旋子彩画的枋心有龙锦枋心、一字枋心、空枋心及花锦枋心等,纹饰视藻头旋花类型而定。苏式彩画图案多为山水、人物故事、花鸟鱼虫等,两边用"《》"或"()"框起,是从江南的包袱彩画演变而来的。画面枋心主要有两种式样:一是将檩、垫、枋三部分的枋心彩绘成半圆形,称包袱;二是采用狭长形枋心。包袱的轮廓线由浅及深的逐层退晕。藻头部分绘各种象形的集锦式的画面,外加卡子作括线。

主色,同时配有金色和红色。清代时期,南北文化交流密切,南方彩画及装饰式样成为当时的主流。苏南地区的苏式彩画传到徐州后,匠师们汲取了苏式彩画的部分构图形式与纹样题材;并在施彩工艺上进行了精简,保留了在次要的木雕纹饰上勾勒少量金箔的形式。而木构两端找头上出现了红色"松木纹",它与河南开封朱仙镇清真寺、山东曲阜孔府三堂的"松木纹"相似,这恰恰是南北融合的过渡期的佐证[①]。

翰林院腰廊的船篷轩(图 3-9A)雕刻精美,整体紫青蓝色为主,梁头似象鼻,刻青色牡丹花头,卷草青色,中间茎沥粉贴金箔,叶绿色;中间绘绿色芭蕉树,朱红色松树干,松针绿色,云朵、亭子顶、蝙蝠及鸟;金边的斗拱与青色牡丹花头的驼峰;雕花梁的彩绘更加复杂,中间绘反搭包袱,内绘锦文,烟琢墨拶退做法,包袱边黑色,三绿色底,内绘白color。蓝线一侧还靠拉一条白线,更强调出线条的力度。整体图案组织明确,颜色鲜艳而华丽,对比性强;远观之,又觉得柔和统一。

A. 西花厅船篷轩彩画　　　　　　　B. 权谨院彩画

图 3-9　徐州传统民居彩画

例如,权谨院的彩画(图 3-9B),类似大点金锦枋心彩画,其箍头、枋心为金色的座龙,找头部分为"一整二破"的金琢墨石碾玉(花瓣的蓝绿色皆为退晕,一切线路轮廓皆用金线)旋子图案。找头的皮条线、岔口线为箭头形,白色套边,岔角处为菱花;按形制,枋心因为整体的1/3,图案为左右相对的行龙,而此处的枋心面积与找头面积相差无几,不到整体的1/3,图案为一条座龙。上下梁枋之间非为锦文或红色油漆底而为"四君子"木雕图案。

综上分析,徐州传统民居的彩画,不是和玺彩画、旋子彩画或苏式彩画,而是混合式彩画,融合了三种彩画的图案、形式及色彩,是南方彩画逐渐北移的例证。

(4) "淮风吴韵"式门户

出于视觉形象及社会等级体现的需要,窑湾商铺宅门普遍都采用"形象放大"机制。即在上槛与中槛中加入走马板,在门扇与边框之间加入余塞板,把门扇外框

---

① 杨红.徐州、邳州、宿州四处彩画调查记[J].古建园林技术,2011(9):27.

架拓展到充满整个开间。这种做法使得抱框、上槛与下槛成为门户的外轮廓,构成了院门的"精神功能尺度",提高了门的视觉形象。而且余塞板和走马板,均有较强的伸缩性,一则可以为调节门的尺寸大小提供了灵活的调节余地;二则可以安装拆卸,便于重大节日时的通行。徐州传统民居的门扇的走马板狭长,衬托出门扇的高峻,表现为淮风;余塞板略窄于门扇,折射出门扉的秀丽,表现为吴韵,称为"淮风吴韵"。

3. 源于徽晋传统建筑装饰风格

由于发达的漕运,各地商贾云集徐州,并购地营宅而带来了家乡的气息。因此,许多徐州传统民居建筑装饰的形式与周边传统民居建筑装饰极为相似。石狮、抱鼓石、兽头、砖雀替、山花及包檐的形式均源于徽州、山西及江南建筑装饰的风格。

(1) 晋式石狮

窑湾蒋家院的石狮(图 3-10A)造型与山西传统民居石狮的造型如出一辙。其体型较大,头部略呈正方体;头顶无螺旋状鬃毛,耳朵直立;两眼凸出,炯炯有神;鼻头较大,鼻孔收缩;嘴巴大张,露出平整的排牙;眉毛扁平,刻有回纹;从脸颊到下颌处有一圈螺旋状鬃毛;颔下有长而粗的龙须,但是胸前无锦带、铃铛即叭嘎兽;一只前腿短而直立;另一只前倾,脚握绣球;后腿蹲坐,爪子收着;身体披着彩衣锦文,台基为较厚的青石平台。整体造型平和,无肌肉感。

A. 蒋家院石狮

B. 民俗馆石狮

图 3-10　徐州传统民居石狮

（2）徽式石狮

民俗馆石狮（图 3-10B）的造型与徽州地区的石狮造型相似——造型较小，大头小身材。头部很大，几乎占了身体的一半；没有须弥座；光头无鬃毛，颈部有饰带及铜铃，嘴巴张开，微笑，舌头微伸，眼睛大而凸出，但没有威严感；朝天鼻，蹲坐状，四肢粗壮。整个石狮憨厚可掬，类似犬的神情，符合南方石狮的特征。

（3）徽式如意抱鼓石

徐州传统民居的如意抱鼓石在形式上与徽式如意抱鼓石相似。例如，酱香院抱鼓石（图 3-11A）的鼓顶端为大尺寸的兽头，神情凶恶，鬃毛成团；鼓面中心是高浮雕的麒麟卧松图，鼓脊前后为宝相花及忍冬草纹样；两边的鼓钉明显。中间的承接部分为两小鼓，鼓子心之间运用莲花相连接。须弥座的地栿与上枋部分简化，并刻有火焰纹，束腰部分简化为一条线；上枭的仰莲与下枭的覆莲较为壮硕；中间三角形的垂巾，面积不大，上有高浮雕伏牛；下枋与圭角没有雕刻，为素色，面积较大。整体的各部分比例协调，衔接自然，纯净的方圆组合给人浑然天成的厚重感。

再如，窑湾菜馆前如意抱鼓石（图 3-11C），其鼓顶的趴狮为整只狮子，神态可掬，体量较大。鼓脊雕刻浅浮雕的梅花，左右鼓面中心雕刻高浮雕的梅花图案。中间的承接部分雕满云纹的前倾基座，须弥座的地栿与上枋部分简化，并刻有回纹，上枭与下枭部分素平，没有雕刻覆莲；下枋与圭角没有雕刻，为素色，面积较大。整体的各部分比例协调，衔接自然。

A. 酱香院抱鼓石　　　　　B. 徽州抱鼓石　　　　　C. 窑湾菜馆抱鼓石

图 3-11　徐州传统民居石狮

（4）山西式兽头

经过调研及形式比对，徐州传统民居的兽头（图 3-12B）形式源于山西民居兽头（图 3-12C）造型，但存在局部的差异性。正吻位于正脊两端，原本是为了加固屋脊与屋面的衔接,后经匠师的设计成为建筑构件。北方建筑,无论官方建筑还是民居多用"螭吻"或"龙吻"。例如,紫禁城太和殿的龙吻(图 3-12A),外形略成方形,龙头在下,张着大嘴衔着正脊,龙尾在上,向外翻卷,身上有鱼鳞纹。而且,还多了一条完整的小龙和一条龙腿的装饰,被称为"螭吻"。

A. 太和殿正吻　　B. 徐州传统民居兽头　C. 山西民居兽头与徐州传统民居兽头比较图

图 3-12　徐州传统民居兽头

南方的建筑正吻形象则自由丰富。有的是龙头在下,龙尾向外翻卷;有的则是龙尾在下,龙头凌空仰望;有的是完整的龙或盘曲在屋顶或张牙舞爪,造型活泼生动,颜色则是五彩斑斓。江南传统民居的正吻多为鸱吻或鸟头造型(多为喜鹊)。山西传统民居的吻兽形式为:上部为鳌鱼,头部无角,下部凤身,尾部的鱼身几何形强烈,整体似一只凤凰。徐州传统民居的兽头形式为:上部为鳌鱼,下部为基座,龙身与正脊相结合,有三爪龙腿,龙尾在上,向内翻卷,有鱼鳍或没有,有鱼鳞纹,但整体更似鳌鱼。有的龙头有犄角,有的没有,下巴部分的龙须很短。由于位于高处,兽头造型讲究体量和轮廓的刻画,对细部的装饰纹样则不予过多关注。经过对比发现,徐州传统民居的吻兽形式虽然源于山西兽头,但是还是融合了徐州的地方特色。

(5) 砖雕山花

徐州传统民居的山尖处的砖雕山花,与山西民居的山花相似。山花作为悬鱼的一种变形,称为"砖雕悬鱼"。悬鱼是位于悬山式或歇山式建筑的博风板下,垂于正脊。由于五行之中,水能克火,因此悬鱼具有鸱吻的作用。同时,悬鱼表达了人们祈求"多子多福"的愿望。徐州传统民居的山花为青砖高浮雕,镶嵌在硬山屋顶的山尖处,效果突出。由于山花位于高处便于人们远处观赏,同时也能显示出主人的地位和品位。鉴于这两点因素,徐州传统民居的山花多采用高浮雕形式(几乎为圆雕),注意大效果的处理,虚实相间,特别是在阳光的照耀下,极富立体感。同时,为突出山花的装饰效果,匠师多会在山花周围用白石灰塑出蝙蝠形的"山云",寓意

"福"星高照。面积占据整个山尖的 1/2 以上。而山西传统民居的山花多为串形的花穗,形似悬鱼。扬州的山花则更似山尖处的纹样铺装,虽然极赋艺术魅力,但是立体感不强(图 3-13)。

A. 墨缘阁山花   B. 祠堂山花

图 3-13   徐州传统民居兽头

(6) 冰盘包檐

徐州传统民居的屋檐与墙体接缝处多为 3~5 层细砖包檐,称之为"冰盘包檐"。结构为五层青砖砌筑,其中拔檐为二层丁砖扁砌;搏风部分(中间层)为立砌顺砖,面积较大,搏风头雕花或不雕。其构造形式与山西传统民居的包檐相似。窑湾传统民居包檐的形式却不同,其搏风部分为丁砖斜砌或最下层为雕花砖顺砌,而且面积偏小(图 3-14)。

(7) 砖雀替

徐州传统民居的多数门角采用砖雀替形式,其造型有两种:一种相对简单,由3~4 层与墙相同材质及色质的青砖叠涩而成,与雕花门楣形成对比。这种形式运用在窑湾古镇的传统民居的门角;另一种则较为精细,由 3~4 层镜面砖叠涩而成。最上皮砖扁长而且末端雕刻成卷草纹样并以卷草造型收尾。中间两层镜面砖面积较大,与一般砖的尺寸相同。最下一皮砖雕刻成坐斗造型,而且造型精美。这种形式运用在户部山的传统民居的门角。例如,刘家院、翟家院、郑家院、苏家院与魏家院等门角处。这种砖雀替形式多源于苏州传统民居砖雀替形式。砖雀替的功能不仅改变门户单调的狭长形状,而且与门墩、台阶、铁皮门扇以及椒图门环等要素,共同构成了徐州门户敦厚而又精致的特征(图 3-15)。

A. 翰林院祠堂冰盘包檐

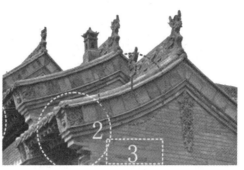
B. 山西民居包檐

C. 翟家客冰盘包檐

D. 窑湾古镇民居包檐

图 3-14　徐州传统民居包檐

A. 郑家砖雀替

B. 刘家砖雀替

C. 翰林院砖雀替

D. 窑湾民居砖雀替

图 3-15　徐州传统民居砖雀替

第四章　徐州传统民居建筑装饰与院落空间的度量关系研究

徐州传统院落是由合院为基本单元的建筑组群,具有"以血缘为纽带,以等级分配为核心,以伦理道德为本位"的封建礼制的物化场所功能。因此,研究建筑装饰位于院落中的位置与布局显得至关重要。建筑装饰的类型、分布于院落的位置、数量的多少,以及一个合院中各建筑立面的形式如何等,都是有讲究的。因为它们不仅涉及院落空间的意境营造问题,同时也关系到建筑礼制与秩序。对于众多的建筑装饰位于何处,建筑装饰的体量大小如何,这些因素最终可能导致两种结果:要么杂乱无章,要么井井有条。因此,只有以整体性思维来布置众多的建筑装饰,才能确保整个建筑装饰系统的有序和统一。本章重点分析各类院落的各空间中建筑装饰的位置、种类、数量、体量以及主次关系,确定各类院落中建筑装饰的布局规律与空间尺度。

一、徐州传统院落的图式

"图式"(scheme)概念是由瑞士心理学家让·皮亚杰(Jean Piaget)提出的,是指"一个有组织的、可重复的行为或思维模式"[①]。由此可知,图式实质就是人类头脑中已有的知识经验的模式,表现特定概念、事物或事件的认知结构,它是人类认知事物以及做出行为决策的重要依据与基础。段义孚先生指出:"有两种宇宙图式为世界各地所熟知,第一种图式是把人类的身体视为宇宙的意象;另一种图式是把人当作以方位点和纵轴定位,形成架构的宇宙中心"[②]。在建筑实践中,中国建筑形成了两种宇宙图式的复合式,即"身体—环境图式"。它是首先以人体定位,再形成以建筑聚落为特征的院落空间,并将院落空间视为完整体系的图式。在这种图式指引下,中国传统建筑强调适当地利用边界来生成围合空间,强调内外分割性和内向型。同时,摒弃向高空发展并追求体量的空间模式,以扁平形为永恒的几何母

---

① 熊哲宏. 皮亚杰与康德先天范畴体系研究[M]. 武汉:华中师范大学出版社,2002.
② 段义孚. 虚构的空间·大地[J]. 邓景衡,译. 地理,1989(15):79.

体,贴近地面水平的"繁殖",以形成多间房屋互相紧贴在一起的聚落——院落。正如李允鉌先生所言"中国传统建筑的组群式布局是依靠'数'的增加,将各种不同用途的部分分别处在不同的'单座建筑'中,由一座到多座、小组变大组,以建筑群为基础,一个层次接一个层次地广布在一个平面空间中,构成一个广阔的有组织的人工环境"①。

院落中各栋单体建筑可以有不同的功能,能适应家庭中不同的活动及成员之间的分室而居。而且,一个规模大的院落由许多较小合院组合而成,家人可以较为自由地在各庭院中活动,也可以安静的居于自己的庭院空间中。因此,院落既可以满足生活、生产所需,也可以满足家人的情感交流需求。同时,院落具有很强的伸缩性,可以通过增加合院的数量来满足人口数量的增加所需要的空间拓展。正是由于传统单体建筑的平面简单,它们必须依靠群组(合院)为中心才能达到有机完整。因而,合院的重要性必需和房屋的重要性完全相等。否则,分散分布的单座建筑就无法构成一个完整的有机的整体了。唯有如此,才能将建筑群的层次逐级地构成,形成秩序。

(一) 徐州传统院落的布局形式

据现有考古资料分析,秦汉时期已经出现了合院式建筑。合院是指四面均建有房屋,中心为空地,围合而成。以南北为轴线,北房为正房,东西面房屋为厢房。院落之中建筑造型及装饰主次分明,错落有致。厅堂、廊道与庭院之间既相互分隔又相互渗透,形成丰富的空间形态。根据围合房屋的多少形成二合院、三合院、四合院以及更多的组合院。徐州地区正处于气候变化的过渡地带,其院落形式为合院与厅井两类民居形式的混合与交叉——天井式合院。孙大章教授在《中国古代建筑史》中提及"苏北、淮南、豫南、汉中等地区处于气候变化的过渡地带,因此其民居形式也表现为合院与厅井两类民居形式的混合与交叉"。

天井式合院,是指院落按北方四合院式样建筑布局,又具有南方天井院(苏州厅井院与徽州天井院)的结构特征,形成了自己独特的院落特色。由于各合院的面积较小,四周建筑较高,形成如"天井"的式样,因而被称为"天井院"。它以传统的三合院与四合院为主,没有二合院形式。例如翰林院为典型的四合院式,其分为上下两院。其中上院(图 4-1A)分为内外两院,外院为横长形,宅门开在东南角(巽位),有利于保持民居的私密性,也符合风水需求。过大门,迎面有一座影壁,西转进入前院。前院为生产空间,倒座房为男仆房,厨房和厕所。前院与主院有一座垂花门(谢恩坊)相连。主院北面的正房称堂屋,正房左右接出耳房,耳房边有角院作书房。主院两侧的厢房是未婚子女的居室。正房与厢房朝向院落的立面没有前廊,因而不相连,庭院角落种植花草树木。此种布局与北京四合院极为相似。例

---

① 李允鉌. 华夏意匠:中国古典建筑设计原理分析[M]. 天津:天津大学出版社,2005:130.

如，翟家院落建于地形复杂的山坡上，由一路四进庭院组成，即使受地势因素所限，主人也想方设法利用鸳鸯楼①或穿堂②进行组合，以形成较为规整的四合院形式。

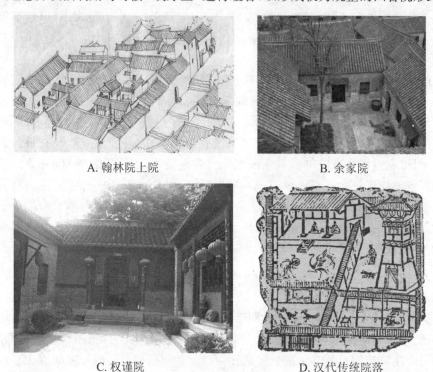

A. 翰林院上院　　　　　　　　　　B. 余家院

C. 权谨院　　　　　　　　　D. 汉代传统院落

图 4-1　徐州传统院落

图片来源：刘敦桢著《中国古代建筑史》51，自绘、自摄

① 鸳鸯楼是徐州市户部山古民居特定时期的产物。鸳鸯楼实为阴阳楼。不单"鸳鸯"与阴阳谐音，而在文化的深层涵义上，这两者亦是水乳交融相辉相应。该楼是因地制宜的杰作，既是天人合一的结晶，又是妙手偶得的神品。古人建房都要考虑阴阳关系，南为阳，北为阴；东为阳，西为阴。鸳鸯楼上下两层，利用山坡的落差建造，不设楼梯，朝向相背，楼前后各自开门，通往前后高低不同的院内地面。鸳鸯楼巧妙地解决了山体建筑地面落差大，又要形成多进四合院所带来的困难，具有很高的实证价值和学术研究价值。崔翰林院上院的鸳鸯楼，上下各 5 开间，一楼面南，东头三间中间设一门，上有门罩，次间各有一窗；西头两间，东间留一门，西间留一窗，面对大客厅山墙，室内光线较暗。二楼面北，东头三间大门和北面三间堂屋大门相对，西头两间属暗间，有内门和外三间相通，属明三暗五的房屋布局。鸳鸯楼的设计既解决了山体落差大造成的空间序位的突出变化，又解决了多进四合院地坪落差大所造成的两院过渡的困难，还充分提高了土地利用率。鸳鸯楼的建造使中国四世同堂的儒家思想和宗法观念得到了最充分的体现。转引：张超. 徐州户部山翟家大院的建筑艺术研究[D]. 苏州：苏州大学，2009：22-23.

② 穿堂位于院落的中轴线上，各进院落的主房，除用作生活起居用房外，还具有穿越性功能。一般穿堂屋为三间，房屋前后开门，供前后院穿行之用。穿堂屋之前的院落属于公共交往区，用于会客、接待等公共活动，在穿堂屋之后的院落则属于家庭生活区，主要用于家庭的日常生活起居。其具有联系前后院落的功能，也是不同功能院落的分界线。穿堂屋只对前院开窗，不对后院开窗，建筑朴素，没有附加的装饰。由于户部山院落多为南北纵横，东西交错，穿堂屋解决了过道和住宿的功能。

再如,余家院由三路三进式合院组成,而且每路庭院均为四合院形式(图 4-1B)。即使每路院落之间可以共用一座建筑(过邸),但是主人还是采用背靠背的两栋建筑来组合成完整的四合院形式。

当然,徐州传统院落与汉代院落(图 4-1C、D)在形式上存在一定的渊源关系。画像砖中建筑多为三合院或四合院的格局。院落由院墙围合成内向庭院,整体建筑布局分为两部分:右部分为主建筑,左部分为庭院和附属建筑。右部院落的主要部分,其中前厅的正面开敞,三面围墙,面积大而开敞,为家人团聚、起居以及社交的主要场所。前厅上立有两根粗大柱子——即两楹,两楹上各有撑拱承接屋檐。前厅左右两侧为附属建筑,后面有居住厢房,并以门户相通。在大门与前厅之间设中门(相当于徐州传统民居中的"穿堂")。左部院落也分成前后两部分,其中前部分为仆人生活空间,面积小;后部分为宽阔的庭院,为仆人工作区域,面积大;在两部分交界的左角落处建一栋四层高的更楼,以备瞭望之用。翰林院的布局与汉画像砖中汉代官邸庭院布局极为相似,门第之间设立前院、穿堂、中院及后院,院角筑一更楼,备储藏及瞭望之用。

(二)徐州传统院落的布局特征

1. 中轴对称

徐州传统院落讲究中轴对称。中国人历来就有以"中"为贵的观念,把"中央"视为最尊贵,最显赫的方位,正如"天子中而处"。而且,风水学的"五行方位"也以"中"为贵,形成一种强烈的"择中"意识。梁思成先生认为,中国传统建筑(无论何种形式)通常采取以南北纵线为中轴线,左右两边均齐布置厢房的对称式布局,"庭院四周绕以建筑物,庭院数目无定。其所最注重者,乃主要中线之成立。一切组织均根据中线以发展,其部署秩序均为左右分立"[①]。台湾学者蒋勋在论及中国传统建筑时说道"简陋到一间两间的民房,繁复到皇帝的三宫六院,我们如果不被外在的附加的装饰部分所干扰,大概可以发现,这其中共同遵守的准则,那就是:清楚的中轴线,对称的秩序,是一个简单的基本空间单元,在量上做无限的扩大与延续的关系。它所强调的,不是每一个个别单元的差异与变化,而是同样一个个单元在建筑组群中的关系位置,在这里,与其说它强调单栋建筑物个别建筑体的特色,不如说它强调的更是组群间的秩序"[②]。

徐州传统院落有明显的中轴线,一般以南北纵线为中轴线,东西为侧轴线,形成日字形二进院或目字形的三进院。依据规模大小,徐州传统院落少则两三院,多则达到几十个合院。主轴线上的大门(宅门)前设影壁、过邸、客厅、垂花门、堂屋,

① 梁思成. 中国建筑史[M]. 天津:百花文艺出版社,2005(5):11.
② 蒋勋. 美的沉思[M]. 长沙:湖南美术出版社,2014:244.

而轴线两侧布置厢房或书房或围墙。例如，吴家院（图 4-2A）坐北面南，以南北为中轴线，左右为两层厢房。前后三进，高门深槛，地势一级比一级高（寓意步步高升），拾级而上，进入门楼和过道，门楼两边各一间耳房。出过道进入第一进院落为前院，院内迎面为一座福字影壁，以隔绝外人的视线（或出于风水需要）。影壁后是五间正房，供全家活动与待客之用。正房后是二进院，三面为两层楼房。穿过道进入第三进院，即内院。因此南北纵轴线在这里既是庭院定位的基准线，也是人流活动的主干线。

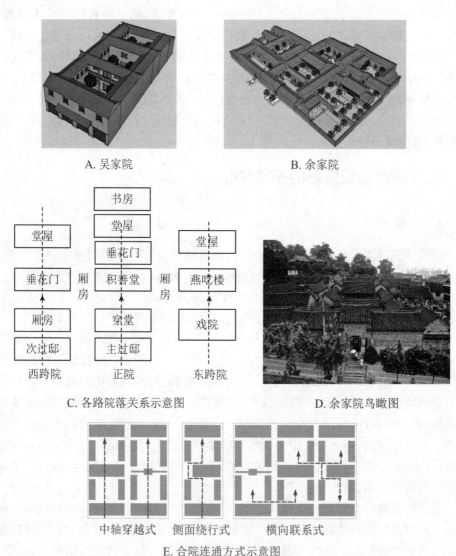

A. 吴家院　　　　　　　　　　B. 余家院

C. 各路院落关系示意图　　　　D. 余家院鸟瞰图

E. 合院连通方式示意图

图 4-2　徐州传统院落

图片来源：自绘、徐州旅游网

再如,余家院(图 4-2B)为三路并行院落,其中以南北为中轴线,以中路院为轴心,左、右路院并列展开,而且每路院落都以三进为进深。院落整体坐北面南,高门深槛,拾级而上,气势宏伟。中路院由高大的过邸进入,北面拾级而过穿堂入客厅院,过积善堂,穿垂花门而入后院。东路院则依地势高差分为戏台、花园与内院。西路院虽然独自开门,布局与中路院基本相似,但位差比中路院为低,且依地势高差分为客厅院、内院与花园。沿着南北纵深轴线,一进进的庭院空间组织得相当严密,从而构成了具有历时性的空间秩序。

2. 尊卑明确

当一系列合院按线性布局时,院落中各式的空间结构同时也传递着丰富的社会信息。当方位次序被确立下来时,社会秩序与宇宙空间秩序便有了联系。建筑的不同空间标志了神圣的或是卑微的区域[①]。中国人正是用空间位置的变化来表现一种社会等级意义,并从中得到现实感和秩序感。徐州传统院落在空间的分配上,主要以"中尊边卑,先左后右,左大右小"为原则。换而言之,中轴线上建筑比两侧建筑(厢房)尊贵,两侧厢房则按辈分与长幼进行分配居住。男仆居住于大门两侧的倒座房,女仆居住内院下房。后院正房为长辈居住,两边为晚辈居住厢房,正房要比厢房高出数个台阶。而且中轴线上的建筑不超过五进,也有加上后部的附房达六七进的,但为数不多。

对于多路多进院落(图 4-2C、D)来说,中路院落为尊,左路院落次之,右路院落为末。这种院落布局拥有几条并列的纵深轴线,各轴线之间通过门楼或夹道(备弄)进行联系,组成横向的轴线关系。苏南地区称中轴线左右增加的次轴线为"边落",苏北则称之为"跨院"。例如,余家院为东、中、西路并行的院落,中路院居于整个院落的中轴线上,为最重要一路院落。两路院的建筑形制则低一等,具有"一口主家"的意思,体现"国有君,家有主"的礼制。

在多进院落之间,其连通方式可分为三种形式:① 中轴穿越式,即院落的交通联系依靠位于中轴线上的过邸或穿堂的房门或者墙门。它强调了中轴线,布局紧凑,但造成了对建筑的穿越。② 侧面绕过式,即前后合院的联系方式依靠位于边角的通道或墙门来实现。这种方式保证了位于院落中房屋的独立性,提高了建筑的使用性,但院落的轴线感不强。③ 横向联系式。在多路多进院中,每路院落之间用随墙门或门楼相互分隔与联系(图 4-2E)。

(三) 影响徐州传统院落布局的因素

中国传统民居讲究理性精神,既有"伦理"的理性精神,也有"物理"的理性精神。前者集中体现在封建礼制对建筑的一系列制约;后者则反映在因地制宜,因势

---

① 李晓东,杨莊善.中国空间[M].北京:中国建筑工业出版社,2010:165-166.

利导等审时度势的务实性。当在复杂地形上无法构建规则的合院时，与地形相适的"因地制宜"式布局便出现。

1. 因势布局

位于户部山的传统院落，整体布局方整、紧凑，并能依据地势采用灵活的方式营建单体建筑，以期达到最佳效果。

翰林院（图 4-3A）的地势为东西狭长、南北较狭窄。东西长 115 m，南北最宽处 51 m，东西坡度 35°左右，落差 7 m 左右，占地 5200 m² 左右，建筑面积超过 3100 m²。虽然为地势所限留给建筑布局的空间十分有限，但是在业主与匠师们的精心设计下，出色地解决了居住空间与用地之间的矛盾，从而展现出较为完美的院落格局。整个院落依据地势，由西至东，设计成五个依次增高的空间层次。而且每个空间层次中又沿南北纵轴布置二进或三进合院。东西纵线上，依次以过邸、垂花门、随墙门等连接，形成轴线清晰、严谨多变的院落格局。

翟家院（图 4-3C）位于余家大院与郑家大院之间，东低西高，地势狭长，地形不规范。因此，院落依势坐西面东。东面为宅门——过邸，意为紫气东来。出过邸，南为门楼，西为二过邸。院中有两条行进路线，第一条为：从门楼进入第一进院——客厅院，再从客厅院南面的随墙门出，爬 13 级台阶进入三进院，再入过邸，爬 7 级台阶到达"伴云亭"。第二条行进路线为：过 9 级台阶入二过邸，出过邸南折进入二进院，堂屋位于西面最高处，仰首俯视。穿过南厢房的过邸进入第三进院。再往高处为后花园，建有"伴云亭"。或经过堂屋两边的过道到达"伴云亭"。

郑家院（图 4-3E、F）位于户部山西坡，为此地依势布局，坐东面西构筑了南北两路并列的二进式院落。全院占地面积 1670 m²，建筑面积为 803 m²，有房屋 48 间。南北两路院的内外院均呈横长形。由于地势因素，主次两道宅门均开在西面。因此，户部山院落多为"因势布局"，顺乎自然，达到和谐的效果。

2. 因功布局

窑湾古镇地势平坦，区域内的建筑多采用商住一体的形式，其中吴家院、酱香院与民俗馆（原为酒坊）是典型代表。这类民居布置多采用按照功能布置的形式。例如，酱香院（图 4-3D）的前院为商业操作空间——坊场和晒坊，面积大，占据整个院落的四分之三。北面和西面厢房均为操作厢房，建筑立面朴素，建筑装饰种类与数量少。北面分为左中右三部分，其中左部为客厅，中间为小花园（内植几坛树木、毛竹，连接居住院落，同时在空间上进行区分），右部为居住空间。居住院落面积小，功能布局紧凑——北面厢房为绣楼，楼上住小姐，楼下为父母居住；西面厢房为单层硬山建筑，兼有客厅的功能；南面厢房则为商品展示空间。

民俗博物馆由操作空间和居住空间组成。操作空间则为商业展示区与作坊。一进院为商业展示部分，中间为大面积的硬地，四面为厢房。其中东北两面厢房为

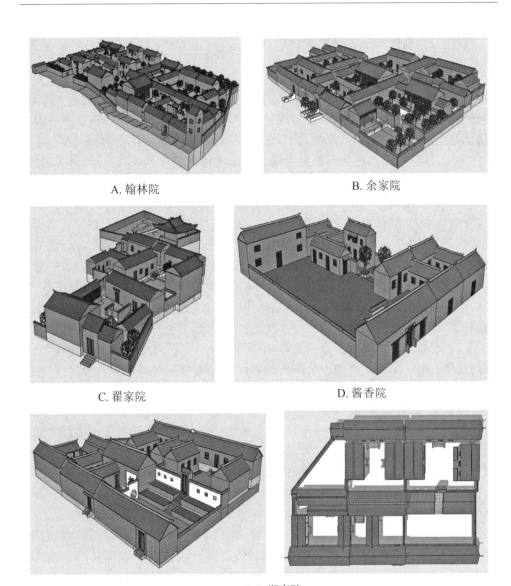

A. 翰林院　　　　　　　　　　　　　　　　B. 余家院

C. 翟家院　　　　　　　　　　　　　　　　D. 酱香院

E.F. 郑家院

图 4-3　徐州传统院落

两层,采用通透的槅扇形式,二楼出挑形成檐下灰空间。一层为槅扇及槛窗形式,梁枋之间有柱子与挂落,显得玲珑剔透。而西南两面厢房均为二层,采用青砖墙体,整体朴素。前院面积大,以晒谷物与储存酒坛之用。而居住内院位于操作空间的西北角,院落面积小,院落四角作花坛,内种植花草,美化环境。

综上分析可知,商居式院落是以商业操作为导向,而居住需求退居次要位置的"因功布局"形式。

（四）徐州传统院落的特征

虽然徐州传统院落中多数单体建筑互相分离，但是相离狭窄，因此单体建筑以"面"的形式感存在。而且，墙体又高又厚，基本不开窗，造成高墙深院的外在形象。内外空间的连通仅仅依靠院门来实现。同时，各院落的外墙往往砌筑得整齐厚实（墙体厚达 500~650 mm），严丝合缝，院墙及构成外界面的建筑山墙高达 5000~6000 mm，且不开窗。如此界面把内部建筑密实地包裹起来，将建筑与外界分隔，形成强烈的围合感。

由于院内空间的大小与围合界面之比是制约内化程度的重要因素。一般而言，合院空间大，围合界面低，围合度疏松，则内属性低。反之，合院空间越小，围合界面高，围合度越紧凑，则内属性越高。另一方面，各围合界面的形式对合院的内属性也具有重大影响。而且，不同形式界面的内属性的强弱程度也有区别：一般以满樘金里装修的屋身界面的内属度较高，满樘檐里装修的屋身界面的内属度次之，檐窗形式的屋身立面，内属度最弱。徐州传统院落的客厅院的围合界面多为全樘槅扇或半樘槅扇或槛窗形式，而且合院的围合界面高且空间相对较小，因此前院的内属性相对较高。内院的围合界面高，空间则更小，且四周均为青砖墙体，因此内院的内属性弱。多数窑湾的传统院落的客厅院的围合界面高且多墙砖，封闭性最强而内向性却很低。

造成此等"强围合，弱内向"的原因：① 中国传统院落的特点所致。中国传统建筑自古就呈现防卫、内向的特性，是传统的农耕文化造就了汉民族内敛保守的性格。在这个封闭的天地中，建筑内部私密性得到加强，几何形的建筑空间秩序与伦理道德秩序相对应，加强了家庭成员的凝聚力，维护了封建礼制下的家庭结构的稳定性。正如"房，防也。"② 与徐州的地理位置有关。徐州历来是兵家必争之地，居民具有强烈的防卫心理。因此，建筑的"厚墙少窗"有助于更好地形成保护。

综上分析，徐州传统院落属于天井式合院，不同于徽州与苏州的天井式庭院，也不同于北京四合院，它具有显著的防御性与封闭性特点①。院落采用中轴对称的多进式，大型院落还采用多路多进式。户部山传统民居讲究"因势布局"，窑湾传统民居则讲究"因功布局"。由于每个院落的外围都有较高、较厚的围墙，而且院内的单体建筑立面多为青砖墙体，很少采用江南或北方四合院的槅扇或槛窗的形式，

---

① 徐州传统天井式院落具有以下优点：① 适应了家族聚居的形态需要，也具有重要的气候调节机能。闭合而露天的庭院明显地起到改善良性气候条件和减弱不良气候侵袭的作用。庭院还可以通过种植花木，引来满庭绿荫，保持局部环境的湿润大气。② 强化防护功能。采用合院式布局，各栋建筑都深藏院内或面向内院，整体院落的外界面由院墙或房屋的山墙环绕围合而组成一道坚实的防线，增强了建筑组群的整体防护性能。而且，纵深串联的庭院的门屋重重警戒，构成了组群内部层层封闭的关卡；③ 符合伦理礼仪需求，与封建礼教制约下的思想意识和心理结构相适应。在这封闭的空间中，几何形的建筑空间秩序与伦理道德秩序形成了同构对应现象。严整纵深的庭院组合，中轴突出的对称格局，提供了建筑空间的主从构成与正偏构成，适应了严格的封建等级的伦理秩序需要。

因此院落呈现强围合,弱内向的特征。

二、徐州传统民居建筑装饰的院落空间布局分析

研究建筑装饰的院落空间布局的根本目的是寻找其在院落整体空间中的秩序。李砚祖教授认为,秩序是装饰之美的内在尺度。秩序代表着和谐,代表着变化以及变化后的统一,它始终与稳定性和永恒性相联系①。中国传统院落由单座建筑组成合院,进而以合院为单元再组成有层次、有深度的空间序列,使得院落组织显得规整有序。而且,在院中任何人都以步行的运动速度来体验由建筑立面与建筑装饰所构成的空间环境。为此,院落的空间组织需要把空间排列和时间先后两个要素有机地统一起来,使人在特定的行进路线中感受到空间的变化和节奏感,从而留下完整深刻的印象,营造良好的空间秩序感。这种良好印象与空间秩序感主要体现在各个合院的景物之间的相互更替之上,它们随着观者的移动视野而变化产生。为此,我们需要将整个院落的景物加以综合布局,个别景物的设计只不过是锦上添花而已。

徐州传统民居属于分离式庭院,其标准形态是庭院的尺度较大,正房与厢房分离,室内外空间分割较为明确。但是,正房主要以前后檐立面参与庭院的南北界面构成,厢房主要以前檐立面参与庭院的东西界面构成,建筑体量的展露仍然是不完整的。"内向庭院的整体空间景象成为建筑表现的主体,主建筑和辅建筑都成了庭院空间的构成因子。殿屋在这里主要地不是以'三维'的'塑像体'的形式出现,而是以'二维'的'围合面'的形式出现"②。因此,建筑立面的构图重点在于考虑如何更好地做出规限空间——合院空间的效果。由于每个合院的空间是由各类建筑立面四面围合而成,因此同一合院的各座建筑立面之间的关系,实在是比同一座建筑物各个立面之间的关系更为重要③。因此,匠师在布置各个合院的建筑立面的装饰构件时,一定经过缜密思考或按照一定的规章制度进行。他们会根据建筑等级与方位来安排各栋建筑立面的建筑装饰种类与数量,以形成合院各立面之间的主次关系,营造出有序的空间秩序。

对院落中各合院的关系及各立面的关系的论述最为贴切的方法是采用描述性方法。这是因为描述对于展现传统院落的设计意境较为贴切。"描述以及描述逻辑,构建并表现出各个建筑物之间的关系,是在与听众或读者的构图过程中,赋予听众对空间的直接体验。描述过程同时体现了中国式的空间观,即被描述的复杂

---

① 李砚祖. 装饰之道[M]. 北京:中国人民大学出版社,1993:166.
② 侯幼彬. 中国建筑美学[M]. 北京:中国建筑工业出版社,2009:126.
③ 李允鉌. 华夏意匠:中国古典建筑设计原理分析[M]. 天津:天津大学出版社,2011:167.

空间是由若干参考系构成的,而每个参考系又有各自的感知实体,比如说一座建筑、一朵花朵,这些感知实体有着各自特殊的、已固化的、可认知的抽象空间,这些抽象空间与其他的感知实体一起构成了坐标体系,共同传达出空间感。空间被定义成'为了各种实体间的一种关系'而非以欧几里得几何学为基础构件的抽象空间。各种实体间的关系通过对景物的层层描写得以明确。正所谓步移景异。从叙述者角度出发加以描写,这种确定了主体的时空描述方式达到叙述者与听众、读者沟通的目的。通过对抽象的固化和游程性的描写,自由的实体得以依靠其相对关系而空间定位"[①]。实际上,在对合院中各建筑立面进行描述的过程中,已经较为清晰地向观者传达了各建筑立面上建筑装饰的配置以及关系,因而各建筑立面的主次关系将一目了然。

据调研,徐州保存相对完好的传统院落多为官员或富商的住宅,一般平民的民居多因破烂而不复存在。因此,本书基于实地测绘与历史考证的基础之上,对具有典型性院落的入口、前院与后院空间所布置的建筑装饰,以及各合院空间中各建筑立面的主次关系进行分析,以探究建筑装饰与院落空间之间是否存在限定关系。

(一) 装饰形式丰富的入口空间

众所周知,入口空间是一座宅院的门面而成为装饰的重点。据调研发现,徐州传统院落的入口空间的装饰形式较为丰富,但是相对于徽州、山西及江南传统民居的入口则显得较为简朴。

山西与徽州传统民居的门楼装饰精美,在整个简洁的外立面中处于视觉焦点。例如,乔家院门楼(图4-4A)采用雕花正脊与吻兽,屋檐下有两层椽架以及在檩条上有五组"一斗二升"的砖质斗拱(耍头加长)。三层雕花门楣,并雕刻寿纹、卷草纹及葡萄纹,两端有砖质垂莲柱。门内侧上部为字匾,左右立石狮或兽头门墩。门扇为红色木门,椒图门环。

江南扬州门楼(图4-4B)多采用一字形入口或凹字形入口。屋檐与门洞之间有3~4层木质椽条;门洞与屋檐相距2000~2500 mm,为雕花门楣及磨砖镜面字匾,中心题字或不题字均可;门洞两边为砖柱到顶或青石砌筑,门墩为抱鼓石或箱体的门墩。

徽州承志堂门楼(图4-4C)为垂花式,正脊贴在院墙上。正脊由雕花青砖垒砌,上面雕刻马图案、龙纹及植物纹样;脊两端有鳌鱼吻兽,檐角起翘;额枋为四层砌造型,从上至下依次为扁砌、斗砌、扁砌及雕花砖;额枋与上楣之间为四枚雕花砖墩,上楣中间为高浮雕的牡丹、葡萄、鸟,周围为线雕的锦文图案;下楣中间为高浮雕的戏文故事,周围为线雕的团花图案;两门楣之间为匾形;左右垂花柱的柱身部分为花卉纹与锦文线,柱头为高浮雕的走马图案;垂花柱与上下楣之间的夹角分别

① 李晓东,杨茳善.中国空间[M].北京:中国建筑工业出版社,2010:137-139.

雕刻了高浮雕的戏文故事、老虎与猴子图案("猴"与"侯"同音)等。

A. 乔家门楼

B. 扬州门楼

C. 徽州门楼

D. 功名楼

E. 翰林府邸上院过邸

F. 权谨府邸过邸

图 4-4　徐州传统官邸式过邸空间的建筑装饰布局

1. 丰富而庄严的官邸式入口空间

官邸式院落的入口空间较为庄严,分布的建筑装饰构件较多。

翰林院①(图 4-4D)的入口空间分布了八字壁、石狮及抱鼓石等独立性装饰构件。过道南边设立了八字形影壁,与功名楼、左右披墙形成了较大的空间。过道北边立两根旗杆②,紧接其后在距离大门 4000 mm 处设有一对体型优美,体量较大的石狮以及螺蚌抱鼓石。功名楼立面分布众多的建筑装饰构件,其中屋顶部分有五脊六兽③,1 组插花云燕,1 组垂脊兽,1 组山花与山云。屋身部分有金字"翰林"匾额,1 组三跳插拱披檐与门户附件(砖雀替、门簪、门钹门环等)。台基部分有 1 组石门墩与 3 级如意台阶。上院过邸(图 4-4E)则相对简洁。过邸对面未设影壁,门前左右未立石狮或抱鼓石。过邸屋顶部分有 1 组吻兽、1 组垂脊兽,屋身部分主要为门户附件,台基部分有 1 组石门墩与 2 级如意台阶。出过邸,小天井处有 1 座福字影壁。

---

① 翰林院位于徐州市区户部山西坡,是崔氏家族的聚居地。始建于清乾隆年间,历经 20 余代 400 多年的经营,最终形成了占地近 20 亩,300 余间(目前保存 180 余间)的大规模院落群体。东西长约 112000 mm,南北宽约 44000 mm。它是徐州最大的传统院落群。上院位于大院东侧地势高处,是崔焘于 1829 年中进士后兴建,名"史学家庄",主要用于培养教育族人。翰林院是徐州市保存相对完好的两座官邸式院落之一,因其规模庞大,气势宏伟,加上建筑风格似汉代建筑,故被称为"民间汉宫"。据崔氏族谱记载,崔姓出自春秋时期,齐有丁公之子受封于崔,其后以封地崔为姓。崔家人祖籍为山东濮州的孟山前大柳头村。先祖崔海为明嘉靖年间翰林,官至大城县知县,为官清明,后见世宗昏庸,官场险恶,为避祸端,命第三子赞携家人迁居徐州,并在此世代繁衍,渐渐地成为彭门望族,故徐州崔氏一支奉赞为始祖。崔氏书香门第,诗礼人家,科甲鼎盛,明清两代共出两名翰林,多位子孙在朝中做官,且为官清廉、一心为民,备受百姓爱戴。例如崔氏四世孙国铨,字衡士,幼聪敏,好读书,年二十六补博士弟子员,康熙壬寅年(1662 年)授州司马,后亲丧,三年守孝,孝期满,结庐松石居,读诸子百家,以教徒授业为业,年近百犹读书不倦,有余资也常周济他人,备受尊敬;五世孙元诗,善攻术数,尤善堪舆之术,有声誉;六世孙立政,为国子生,好读书,善钻研,日夜穷究其奥蕴;崔氏七世孙崔岫,自幼端庄凝重,好读书,九岁能撰文,十七岁补弟子员,乾隆二十年,授宿州训导;崔岫孙树楠乐善好施,尤好造就人才,有族人子弟无力就学者,招至家中,请老师教授之;树楠子崔忻有才略,由增生官任广东高州府通判,后升广州同知,响应林则徐禁烟,后林则徐被罢官,受到株连,以老母病重为由得以还乡;树楠次子崔焘中进士入翰林院,被钦点为庶吉士,历任通许县知县,郑州知州等要职,为官期间深受百姓爱戴,官至内阁中书,奉旨在崔家旧址的基础上建了崔家上院与客屋院;十一世孙弼均,官至议大夫,后升至河南候补县承;其弟惠均,字心孚,任中河通判,任职二十余年,廉洁奉公,兢兢业业,使河道无横决之患;十一世孙铭箴,字叔兰,官补河南候补县承,善诗文。通过对崔氏族谱的梳理我们可以发现,崔氏一族自明嘉靖以来,其后人多敏而好学,成就颇多,且惠于乡里,爱护百姓,以保家风不坠,诗书门第,鼎盛一时。转引:刘玉芝.徐州户部山崔氏家族考略[J].徐州工程学院学报社会科学版,2010(2):40-43.

② 据崔家后人讲述,由于崔家在清代连出两位翰林,因此朝廷特许崔家人在宅院外立旗,而且两旗杆上各两个斗,以示嘉奖。

③ 徐州传统官式民居的正脊两端设有兽头,而且等级分明。重要屋顶一般为"五脊六兽",即正脊两端各安一个正脊兽,四个垂脊的三分之二处各安放一个垂脊兽。兽分等级,开口兽或闭口兽的等级最低(房屋主人取得功名,用开口兽,否则只能用闭口兽),高一级的是"插花兽"(即在正脊兽上安装兰草状铁花),最高级的是"插花云燕"(是在正脊兽上立一根铁柱,上面镶 3~5 五层铁制云朵,作为铁柱的分枝,铁柱上还镶有一对铁制耳牙,铁柱最顶端有铁制的飞燕)。一般江南民居的正吻为鳌鱼或鸟头(苏州以及无锡传统民居的正吻形式)。

由于权谨院①的入口作牌楼式门楼(图 4-4F),装饰构件相对较多,而且集中于屋顶部分。门楼前没有立八字影壁、石狮及抱鼓石。二层顶部做庑殿式屋顶,布置了 1 组正吻兽、1 组垂脊兽与 1 组走兽。檐下设有彩画、6 组斗拱与"圣旨"字匾。一层屋顶的装饰构件为 1 组正吻兽、1 组垂脊兽、1 组走兽与 1 组山花山云。一层门洞为如意门式,门洞左右立有 1 组抱鼓石,上部有挂落与"天朝元辅"的匾额。过邸整体装饰繁杂而庄严。

通过上述分析可知,官邸式入口空间所分布的建筑装饰构件种类多——有影壁、石狮、抱鼓石等独立性装饰构件。过邸立面则较为简洁但显庄严,建筑装饰主要集中在屋顶部分——有吻兽、垂脊兽、走兽、山花;屋身部分——有插拱批檐与门户附件等;台基部分为门墩与台阶等装饰构件。这些构成了丰富而庄严的空间效果。

2. 简洁而严肃的居住式入口空间

居住式院落多位于户部山位置优越的地段,院落规模大,但不注重入口装饰,缺乏石狮与抱鼓石等装饰构件,而且入口多采用将军门②式样。

徽商后裔余家院主过邸(图 4-5A)为将军门式。过邸前未设影壁、抱鼓石及石狮等独立性装饰构件。过邸立面简洁朴素,为青砖墙体,门洞左右墙体未开窗。正脊为清水脊,无兽头,盘头处雕刻植物花纹。门户形式简洁,没有做插拱批檐或插拱门罩,或字匾形式。而是青砖门楣、砖雀替门角、石门墩、黑漆木门(未采用铁皮包门)及门钹铁环。由于山势原因,门前有 13 级两层台阶。台阶由大块条石构成,第一层为 8 级(宽为 4000 mm),第二层为 5 级(宽为 3000 mm)。台阶左右垒成平台(似台基的月台结构),中间种植花草,既起到空间界定的作用,又具有美化环境的效果。过道内空间较大构成门堂,并安装"塞口屏门",起到遮挡外人视线与风水作用。

位于户部山东坡的翟家院的主过邸(图 4-5E)为将军门式。门前未立影壁、石狮以及抱鼓石等独立性装饰构件。过邸立面简洁,单独做脊(清水脊),无兽,1 组白色门墩,门前 4 级如意台阶,过道内空间较大构成门堂,但没有安装塞口屏门。位于户部山西坡的郑家院③采用南北两个入口,而且两过邸的形式不一样。北过

---

① 权谨院是徐州新中国成立后保存下来的唯一宣扬忠孝名人的纪念性建筑。原址坐落在徐州市统街北街,始建于 1427 年,复建于户部山东侧的状元街。权谨,字仲常,是载入《明史》的"孝义"典范人物之一。明永乐年间任青州府知县(今山东境内),为政清廉。后被仁宗拜为文华殿大学士,太子太傅。宣德元年任通政使司右参议。曾参与编撰徐州最早的史书《彭城志》。因母年事已高,辞官归家,奉母至孝两年,传为佳话。明宣德二年(1427 年),宣宗皇帝下诏在彭城兴建权氏忠孝祠堂,御赐金扁:"圣旨"。钦赐权孝公坊"天朝元辅、忠孝名臣、中原文献",予以放表。原牌坊为前后两进院,有门楼、享堂、左右厢房等,现仅存硬山顶门楼,2004 年迁建于户部山。

② 这种宅门的样式多与倒座房相连,大门装修设在中间,划分为上中下槛及门框、抱柱、余塞板,中间安装两扇板门,有门簪,门两侧有抱鼓石。

③ 郑氏祖籍苏州,宅院建于清同治年间(1862~1874)。院落由南北两路院并列而成。占地面积 1670 m²,建筑面积为 803 m²,有房屋 48 间。宅门开在西南角,有利于保民居的私密性以及增加空间的变化。

邸(图 4-5B)前未立影壁、石狮以及抱鼓石等独立性装饰构件。入口采用插拱门罩的形式，门洞上方为青砖门楣、砖雀替①、铁皮包门以及石门墩。门前有 3 级垂带台阶。过道内空间较大构成门堂，未安装塞口屏门，而是在过邸后设"小天井"，东面墙体骑墙影壁，此布局与北京四合院相似。南过邸前也未立影壁、石狮以及抱鼓石等独立性装饰构件。过邸立面没有插拱批檐，而是采用扩大"精神尺度"的手法②——拓宽门扇尺寸，加入走马板及余塞板，使得门扇面阔 3500 mm×3000 mm，外围为 350 mm×2200 mm×600 mm 的青砖砌柱。门前为大尺寸的 3 级石砌方墩的垂带台阶。

李可染故居入口(图 4-5C)位于北面最左端，采用砖砌如意门③形式，山墙搁檩结构，在金柱位置砌墙及辟门洞。过邸外立面檐口有挂落而内立面檐下为落地花罩，使得整体门屋显得典雅精致。屋脊与毗邻建筑分开，做镂空脊，两端略有起翘。门洞前有 2 级踏步，配以低门槛，门楣上挂字匾。门户为青砖门楣、砖雀替门角、石门墩、黑漆木门与门钹门环。门前左右没有立抱鼓石或石狮，显示出李可染先生谦和的气度。在过邸后有小天井(天井面积 3320 mm×2400 mm，铺地石条尺寸为1200 mm×440 mm×20 mm)，东西两面为门楼。它与入口形成转折，具有仪门的效果。门楼为瓦檐门(造型与余家院的门楼无区别)，正脊两端微微起翘，三叠形式，类似徽州马头墙。正面为骑墙福字壁，高出左右门楼 1000 mm 左右。月亮门尺寸为 2000 mm×1800 mm，前后面均有李可染先生的亲笔题字，面东为"澄怀观道"，面西为"淡泊宁静"，表现了李先生的高尚情操和宽阔胸怀(图 4-5)。

综上分析可知，居住式入口空间较为简洁，分布的建筑装饰构件少，少数院落入口有影壁，但均无石狮与抱鼓石等独立性装饰构件。过邸立面简洁，无兽头与山花。门楼多为将军门与如意门式样，少数过邸有插拱门罩。门前台阶尺寸较大，构建了简洁而严肃的空间效果。

3. 注重精神尺度的商居式入口

徐州传统商居式民居的入口主要为两种形式：一种采用"如意座"式门罩，另外一种采用如意门式。

---

① 徐州传统民居的砖雀替均为略窄的三角形，材质为一般的平整青砖，少有雕花或端头雕型工艺。而苏州、扬州等地传统民居的砖雀替则为扁长的三角形，多雕刻植物纹样与端头雕型工艺。郑家院的砖雀替采用了苏州传统民居的砖雀替造型，但是没有采用雕刻纹样的形式，是融合了徐州和苏州的特色。

② 采用扩大门扇"精神尺度"的手法，即在上槛与中槛中加入走马板，在门扇与边框之间加入余塞板，把门扇外框架拓展到充满整个开间。这种做法使得抱框、上槛与下槛成为门户的外轮廓，构成了院门的"精神功能尺度"，提高了门的视觉形象。而且余塞板和走马板，均有较强的伸缩性，一则可以为调节门的尺寸大小提供了灵活的调节余地；二则可以安装拆卸，便于重大节日时的通行。

③ 如意门是指在前檐柱之间砌墙，中央留出一个门洞来安装门扇。门扇构造上没有余塞板、腰枋等外檐构件，只有两扇门扇，宽度约 1000 mm。两边砖墙上墀头墙的戗檐上常做 3～5 层盘头，不施砖雕。如意门的规制虽不高，但不受等级制度限制，装饰可华丽亦可质朴。有的人家常在门框上方施精致的雀替砖雕，以显示宅主的品位。

A. 余家　　　　　　　　　B. 郑家　　　　　　　C. 李可染故居过邸

D. 余家西入口　　　　　　E. 翟家　　　　　　　　F. 刘家过邸

图 4-5　徐州传统居住式入口空间的建筑装饰布局

吴家院①入口(图 4-6A)为两层楼高,外墙采用青砖墙体。过邸采用三个入口形式,亦称"如意座"门楼。在主入口的门洞上设直坡门罩,下用梁头承重(而没有用插拱或挑檐檩形式),左右入口则没有直坡门罩。主入口门阔 3000 mm,雕花门楣,上有金字"吴家大院"匾额,左右为"北瞻齐鲁源流广,南搂楚吴商贸隆"楹联以及一组双层基座抱鼓石。民俗博物馆宅门(图 4-6B)上设直坡门罩,下用梁头承重。门阔 3000 mm,雕花门楣,"窑湾民俗博物馆"匾额,左右为"馆纳鸿蒙一万件,院藏史话三千年"楹联与一组双层基座的石狮。

另一种过邸采用如意门式样。它们多位于建筑的最边位置,或采用单独屋脊,如意门式样。酱香院②也采用如意座式门楼(图 4-6C),但三个入口均没有采用直

---

①　吴姓人家祖籍福建,先祖为明末海税官员,与清朝康熙年间迁徙窑湾,在当地兴办"吴洪兴烟丝店"。历经几代人努力,吴家根基厚实,家业兴旺,在窑湾号称"吴半街"。吴家院是窑湾保存最好的富商大院。院落采用串联式纵深布局,表现出高度的有序性。重要建筑都位于南北向的主轴上,保持了纵深轴线上的均衡,正堂处于坐北朝南的最优方位。第一进院为商业展示院与操作区,二进院为仆人院,三进院为内院。

②　酱香院始建于明熹宗年间,距今有近 400 年历史,鼎盛时四院 66 间房。它是窑湾"前店后坊"经营模式的典型代表之一。

坡门罩或插拱批檐形式,主入口左右设置一对尺寸适宜的抱鼓石,左右楹联为:"黑酱自黑非墨染,甜油微甜是蜜香"。颜家院(图4-6E)入口采用单独屋脊,门扇位于中间位置,旁边为两成青砖柱。门扇尺寸大,而且布满铜钉。门楣上为"日月共享"的金字匾额,左右对联。最外层的左右剎墙的盘头位置为厚厚的砖枭混,而没有雕刻纹样,下部立了一对小尺寸抱鼓石,但没有石狮。蒋家院(图4-6F)的入口位于建筑最左端,没有采用单独作脊。黑漆木门开在离墙面1200 mm的位置,高为3000 mm(为一层楼高),左右为青砖墙体。门扇左右立一对石狮,左右剎墙的盘头为层层枭混,下部未立抱鼓石。

A. 吴家院入口

B. 民俗馆入口

C. 酱香院入口

D. 美术馆入口

E. 颜家入口

F. 蒋家院入口

图4-6　徐州传统商居式过邸空间的建筑装饰布局

　　通过分析可知,官邸式入口空间所分布的建筑装饰构件种类多,有影壁、石狮、抱鼓石等独立性装饰构件。过邸立面则较为简洁但显庄严,建筑装饰主要集中在屋顶部分——吻兽、垂脊兽。屋身部分为插拱批檐与门户附件等。台基部分为门墩与如意台阶等装饰构件;居住式入口空间较为简洁,分布的建筑装饰构件少,有影壁,但无石狮与抱鼓石。过邸立面简洁,无兽头与山花。门楼多为将军门式样,门前台阶尺寸较大,构建了简洁而严肃的空间效果;商居式入口空间的建筑装饰主要有石狮、抱鼓石、门罩及台阶等。它们共同特征是扩大门扇的尺寸,以达到视觉上所需的精神尺度(表4-1)。

表 4-1　徐州传统民居入口空间分布的建筑装饰种类

入口空间	石狮	抱鼓石	影壁	正脊兽	垂脊兽	仙人走兽	插花云燕	山花	插拱批檐	插拱门罩	雕花门楣	台阶	门墩	门楼	砖雀替	骑马雀替
官邸式	•	•	•	•	×	×	•	×	×	×	•	×	•	×	•	×
居住式	×	•	•	×	×	×	×	×	•	×	•	×	•	×	•	•
商居式	•	•	×	×	×	×	×	×	×	×	•	×	×	×	•	•

（二）立面形式丰富的前院空间

前院空间主要为家庭劳作与接待客人的场所,也是建筑装饰丰富,建筑立面形式较为自由的合院空间。虽然官邸式、居住式及商居式的前院空间的建筑立面形式差别不大,但存在着细微的差异。

1. 屋顶与立面形式丰富的官邸式前院空间

翰林院(图 4-7A)的前院主要由功名楼院、墨缘阁院及一进院组成,它们分别承担了不同的功能,因而分布的建筑装饰以及建筑立面的形式不同。功名楼院是一个劳作性的过渡空间,其建筑格局为:东面为门楼(图 4-7B),西面为佛堂院,北面为过邸(图 4-7C),南面为倒座房。合院中间有一座大体量的福字壁,既起到了阻挡视线的作用,又具有空间界定的功能。紧邻影壁的西面是装饰华丽的北过邸,它是进入内院的重要通道,也是区分内外院的标志。由于门扇开在过邸的中间位置,类似金柱大门,因此过邸装饰精美,分布的装饰构件种类与数量多。屋顶为五脊六兽,垂脊兽与仙人走兽(北面的垂脊上没有仙人走兽),有大尺寸的挂落(4000 mm×1500 mm),形成一定的过渡空间。左右盘头雕刻"凤凰牡丹"图案,以示富贵。中间门扇为朱漆木门,七排七列金钉,椒图门环。门扇前方左右为兽型门墩与"师法自然"的花芽子,后为方形门墩。

由于东面地形为上坡形式,而且有横向式的三进院落,是连接上下院的主要行进路线,因此东面成为人们观赏的主要路线。鉴于此,东面檐墙入口采用装饰等级较高的硬山门楼,而摒弃装饰等级低的随墙门形式。门楼为一组 2 跳插拱的硬山人字庇形式,牡丹花板脊,五脊两兽。门户采用青砖门楣,左右砖雀替与石门墩形式,门前 3 级垂带台阶。而西面佛堂院的过邸立面的装饰等级低于东面的硬山式门楼。屋顶为五脊两兽,荷花板脊,入口处为格子挂落(尺寸为 2000 mm×1500 mm×30 mm,少于北过邸的挂落,体现了装饰的等级性),没有采用插拱批檐形式,无门墩,门前 2 级如意台阶。倒座房的立面青砖墙体,无门墩,装饰等级低。虽然功名楼院面积较大,为 13600 mm×13000 mm,但由于周围建筑高多位于 4500 mm 以上,加上四面青砖墙体立面而无槅扇或槛窗形式,而且合院中有大体量的福字壁,因此,整体空间显得较为封闭拥挤,但是各立面之间的主次关系较为明显。

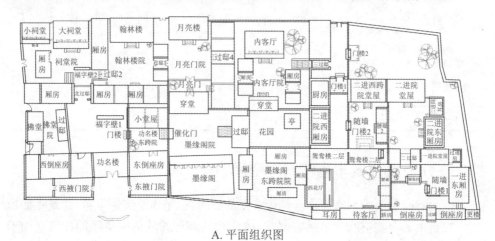

A. 平面组织图

B. 功名楼院东门楼　　　　C. 北过邸与佛堂过邸　　　　D. 功名楼北立面

E. 墨缘阁　　　　F. 垂花门　　　　G. 墨缘阁院东过邸

H. 西花厅　　　　I. 腰廊　　　　J. 待客厅

图 4-7　翰林院前院中建筑装饰布局

墨缘阁院(面积为 17500 mm×12400 mm)(图 4-7E)是崔氏子弟研墨读书的地方,建筑格局为:西面是垂花门楼,东面为过邸,北面为穿堂(连接月亮门院),南面为墨缘阁。墨缘阁的体量最大,装饰规格较高。它采用前廊后厦形式,主立面为全槅金里槅扇,其余三面为青砖墙体。屋顶分布五脊六兽(荷花板脊、插花兽),仙人走兽,"双狮戏球",山花与白色山云。左右盘头雕刻"鹿鹿升科"与"松鹤延年"纹样。檐下使用花格垫板与梁枋,梁枋与柱之间无雀替或挂落等构件。西面垂花门(图 4-7F)的装饰精美,金字梁架结构,牡丹花板脊,五脊两兽,檐下有格子挂落,左右为落地柱,两柱之间安装屏门(屏门平时并不打开,人们从左右两边进出)。虽然门楼距离北厢房很近(150 mm),可以直接与厢房墙体连接,但为了突出垂花门的构造及等级需要,它们之间做了檐墙。过邸与穿堂的立面朴素,一脊两兽,青砖墙体,无山花。门户均采用青砖门楣、砖雀替门角、红漆木门、椒图门环,但无门墩。鉴于地势原因,过邸(图 4-7G)门前为 9 级垂带台阶。由于合院中四面建筑立面分别为全槅槅扇、屏门及青砖墙体形式,再加上各建筑的屋顶分布不同的装饰构件,因此,合院中各立面形成较好的主次关系且具有良好的空间秩序感。

西跨院(面积为 15300 mm×14200 mm)是崔家接待客人的重要合院,其装饰等级高,立面形式丰富。其建筑格局为:西面为西花厅,北面为鸳鸯楼,南面为待客厅,东面为腰廊。西花厅(图 4-7H)采用前廊后厦形式,彩绘梁架。屋顶部分有五脊六兽(雕花板脊、插花云燕、垂脊兽)及双狮戏球与山花山云。朝向庭院的立面为全槅金里槅扇,玲珑通透。金柱中部为花棂门,两边为落地长窗。花棂门形式丰富——裙板上刻有 18 种花瓶,外围为金色拐子龙框边,顶部抹头为植物纹透雕,中间与底部的抹头为花纹深雕,棂心处为步步锦纹样。檐口下使用花格垫板与梁枋,并施以彩绘。左右盘头处"梅鹿"纹样,檐廊处为龟背纹样。西花厅左右墙体均与待客厅及鸳鸯楼分开,并留有一定的距离,在寸土寸金的户部山是非常难得的,其目的是突出大客厅的主体位置。

东面腰廊(图 4-7I)为瓦砌镂空脊,无吻兽,立面采用全槅槅扇形式,内做船篷轩。檐口下使用花格垫板与梁枋,雕刻牡丹并施以彩绘。两柱间为镂空雕的骑马雀替——雕刻绿色枝叶、紫色葡萄、红色牡丹、蓝色回纹、金色凤凰及龙头纹样,盘头处为卷草纹样。由于翰林院没有戏台,逢重大节日有戏演出时,西客厅的槅扇可以拆卸下来做戏台,而腰廊的槅扇可以拆卸下来做观赏席,以供家中长者及贵宾就座,而一般人居于院中观赏演出。

南面待客厅(图 4-7J)的立面形式相对简洁,为清水脊,无兽,插拱披檐,无山花。中间为六扇槅扇,左右为青砖墙体。门户采用雕花门楣、砖雀替、黑漆木门、兽面衔环形式,但是无门墩、无台阶。北面鸳鸯楼为清水脊及吻兽。一层门洞上有一组两跳插拱承接细砖门罩,尺寸为 5000 mm×1200 mm×300 mm,整体门罩显得异常笨重。立面为青砖墙体,门户采用雕花门楣、砖雀替、黑漆木门、兽面衔环形式,无门墩及台阶。由于合院内各围合立面分别为全槅槅扇、半槅槅扇与青砖墙体的形式,因此各立面之间具有良好的主次关系且形成了良好的空间秩序感。

权谨院的前院空间(图 4-8A)没有分布独立性装饰构件,但建筑立面上所具有的装饰构件较为丰富。正厅(图 4-8B)为前廊后厦,荷花板脊,一级两兽,双狮纹样山花与山云。主立面的中间为 4 扇槅扇,左右为 8 扇窗的槛墙。槅扇门的裙板处雕刻如意纹,棂心处为"变井字"纹样。抬梁未做雕刻,枋柱间为格子挂落。檐柱处为"孝以作忠品重先朝荣宰辅,功而兼德名垂后世耀门楣"的楹联,点出权谨府邸的核心精神。左右盘头尺寸大,无纹样雕刻,为五道叠砖。北面待客厅(图 4-8C)为清水脊,一脊两兽,荷花纹样山花与山云。立面中间为 4 扇槅扇以及两根落地柱,左右为 4 扇窗的槛窗(槛墙高为 1500 mm,宽为 3000 mm)。门前有 3 级垂带台阶。由于出檐较深,因而檐下额枋雕刻简单植物纹,梁头雕象鼻造型。左右盘头无纹样雕刻,为五道叠砖。南厢房(图 4-8D)为清水脊,无兽,无山花。青砖墙体立面,门户采用青砖门楣、砖雀替门角、黑漆木门、兽面衔环、无门墩。过邸内立面简洁,青砖墙体形式。合院面积成狭长形,为 12500 mm×5500 mm,四周建筑较高。由于正厅与待客厅的立面为槛窗形式,其余两面都为青砖墙体,因此各立面之间形成了较好的主次关系。在此空间中,正厅的装饰构件相对丰富,待客厅次之,南厢房最弱,形成了较好的空间秩序感。

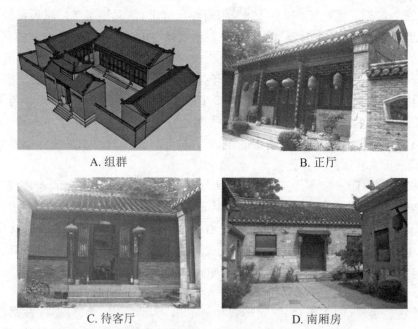

A. 组群　　　　　　　　　　　　　　　B. 正厅

C. 待客厅　　　　　　　　　　　　　　D. 南厢房

图 4-8　权谨院前院中建筑装饰布局分析图

综上分析可知,官邸式前院空间的装饰丰富,分布的装饰构件有影壁、门楼、插花云燕、正脊兽、垂脊兽、走兽、山花、挂落、砖雀替、雕花盘头、石门墩以及台阶等。

建筑立面的形式较为丰富,有全樘槅扇形式,有槛窗形式,还有青砖墙体形式,各立面形成了明确的主次关系,从而具有较好的空间秩序感。

2. 立面形式丰富的居住式前院空间

居住式院落的前院空间,因院落规模的大小不同而各异——规模大的院落,其前院空间的建筑立面形式丰富,多采用槅扇或槛窗的形式;而规模小的院落,其前院空间的建筑立面形式相对单一。

余家院(图 4-9A)是徐州规模最大的居住式院落,由三路纵向院落并列构成。其中,中路院是整个院落的中心,积善堂、馨香厅、堂屋及穿堂均位于其中。它由小前院、二进院与三进院组成。小前院(图 4-9B)为劳作区,院内建筑均为青砖墙体立面,没有做槛窗或槅扇形式。屋脊装饰简单,清水脊,无兽,无山花。

二进院(图 4-9C)为中路院的重要合院,北面为积善堂,南面为穿堂,西面为馨香厅,东面为汉式门楼。积善堂(图 4-9D)的体量在整个院落中最大,装饰等级最高。清水脊,前廊后厦,一脊两兽[①]与山花。主立面为全樘金里装修,12 扇锦文槅扇,无开光雕刻。立柱与梁枋之间无雀替或挂落等装饰构件,显得朴素。两侧廊墙无装饰图案,为白石灰抹墙,檐墙顶部为雕花盘头。馨香厅(图 4-9E)为清水脊,无兽,无山花。但采用前廊后厦的形式,主立面的中间为 4 扇锦文槅扇,左右为槛窗。两侧廊墙无装饰图案,青砖墙体,檐柱顶部为雕花盘头。穿堂北立面的门洞处有一组插拱批檐,红漆门扇,有走马板及余塞板,无门墩,无台阶。汉式门楼(图 4-9H)为合面屋瓦,屋脊整体上翘,曲度大。门洞上方为木连楹,无门墩。院内面积为12000 mm×8200 mm,四周建筑体量适中,加上立面为全樘金里槅扇或槛窗形式,因而整体空间较为开放。合院内种植大量的花草树木,环境更显雅致。各立面之间具有明显的主次之分,形成了良好的空间秩序感。

由于地形的因素,东路院的二进院更似园林。合院中只有西北两面有建筑,东南两面为围墙。北面燕咭楼(图 4-9F)为前廊后厦,清水脊,无兽,无山花。前廊进深为一步架,没有采用船篷轩形式,脊檩两侧采用抱梁云形式的装饰纹样。主立面为开敞面,中间做 8 扇锦文槅扇,无开光雕刻。左右青砖墙体,中间开支摘窗,没有采用槛窗形式。檐下梁枋雕刻花鸟,无彩饰,梁枋之间无雀替或挂落。两侧廊墙无装饰图案,为青砖墙体。盘头未雕刻植物花纹,为层层叠砖。楼门前为 3 级台阶。西厢房(图 4-9I)为清水脊,无兽,青砖墙体立面。由于院内面积大(15000 mm×1400 mm),并种植了较多的石榴树与花草,环境优美,从而具有园林的功能。居于燕咭楼中的人们可以通过门窗,将自然景观融入眼帘,使得建筑空间浑然一体,增添了居住环境的幽美和宁静。

---

① 按照山西民居的装饰风格,商家建筑可以用闭口兽,寓意"保守秘密",而官家运用开口兽,寓意"为民说法"。两侧山尖处为浅浮雕的牡丹山花,没有白色的山云,工艺不及翰林府邸与权谨府邸的山花。

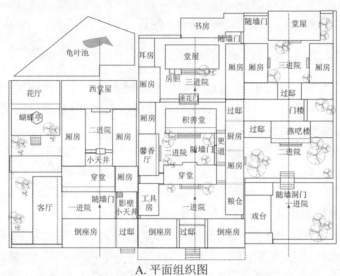

A. 平面组织图

B. 中路一进院

C. 东路二进院

D. 积善堂

E. 馨香厅

F. 燕呓楼

G. 穿堂北立面

H. 东门楼

I. 东路院前院厢房

图 4-9 余家前院的建筑装饰布局

　　翟家院(图 4-10A)的前院面积较大(13500 mm×11200 mm),建筑立面的形式较为丰富。东面为客厅,南面为待客厅,西面为鸳鸯楼,北面为汉式门楼。客厅(图4-10B)正脊为清水脊,两端有闭口兽与山花。采用前廊后厦形式,并建于三级台阶之上。前廊进深为一步架(未使用船篷轩),檐下梁枋间无挂落与雀替等装饰构件,脊檩两侧用抱梁云装饰。金枋间安装 12 扇槅扇,显得玲珑与精致。两侧廊墙为青砖墙体,雕花盘头。待客厅的装饰等级低于大客厅,主立面的中间为 4 扇槅扇,左右各为 4 扇槛窗,锦文装饰,无开光雕刻。两边墀头突出立面 300 mm 左右,盘头为层层叠砖,无雕刻纹样。待客厅(图 4-10C)与西面鸳鸯楼之间有一扇随墙门相连,可以通往三进院。位于西面的鸳鸯楼高于客厅,但其装饰等级低。一层门洞上方为细砖门罩,其造型及尺寸与翰林院鸳鸯楼的门罩一样——直坡细砖门罩,下有一组两跳插拱承接,尺寸大而显得笨重。门户采用青砖门楣、砖雀替门角及黑漆木门的形式。北面为门楼与檐墙。由于合院中各围合立面为全槅槅扇、槛窗以及青砖墙体形式,因而各建筑立面的主次关系明显,形成了良好的空间秩序感。

　　郑家院位于户部山西坡,地势为东高西低,北高南低。鉴于东高西低的地势因素,南路院的前院更似花园。东面设一座汉式门楼(图 4-10F)(低墙门)连接内院,北面为三跌式瓦檐门以连接北路院天井。汉式门楼的中间安装厚实的木门,利于安全。两立面上有挂落,下有石门墩(370 mm×400 mm×550 mm)。左右两边为青砖砌柱(350 mm×2200 mm×600 mm),并与左右檐墙相连接。西立面的门前有13 级跌踏(220 mm×1500 mm×300 mm)的垂带台阶(400 mm×900 mm×600 mm),左右有 2 层巨大的花坛,坛内种植大量梅花。同样原因,北路院的前院由过邸分为两部分。第一部分为过渡空间(5100 mm×4020 mm),由过邸、茶水房、二过邸的青砖墙体以及连接内院的三过邸组成。三过邸(图 4-10E)前有 9 级垂带台阶(跌踏尺寸为 1140 mm×240 mm×400 mm),具有"登堂入室"之感。门户石门墩的尺寸大,为 550 mm×340 mm×400 mm,具有明显的装饰效果。第二部分为客厅院(图 4-10D),三面厢房均建在二级台阶之上。客厅正脊为清水脊,两端有闭口兽与山花。朝向院落面为开敞面,全槅槅扇,锦文装饰,无开光雕刻。两侧廊墙为石灰抹墙,左右为雕花盘头。合院内建筑立面均为槅扇形式,具有江南民居的玲珑秀美之感。但是,各建筑立面之间没有形成明确的主次关系。

　　李可染故居的前院(面积为 7400 mm×9200 mm)的北面为堂屋,其余三面均为厢房,建筑形制与装饰构件没有明显区别。堂屋正脊中间部分为镂空瓦脊,两端实砌并起翘,类似江南民居的正脊,但是无兽头与山花。青砖墙体,左右上下各开2 扇支摘窗。门户采用青砖门楣、砖雀替门角、石门墩及黑漆木门的形式。其中,门楣宽度与台阶宽相同。门前 3 级垂带台阶,其中台阶尺寸为 400 mm×150 mm×1600 mm,垂带尺寸为 370 mm×950 mm×680 mm。黑漆木门的尺寸比翰林府邸与其他院落的门扇均要大些,下部裙板雕刻花草纹样,中间木格花纹,上部的走马板为格子花纹,门前为 2 级垂带。东面厢房采用槅扇与槛窗的形式,清水脊,无兽,无

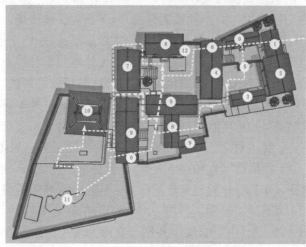

1. 大过邸
2. 客厅
3. 待客厅
4. 鸳鸯楼
5. 门楼
6. 过邸
7. 堂屋
8. 绣楼
9. 厢房
10. 伴云亭
11. 龟叶池
12. 骑墙影壁

A. 翟家平面组织图

B. 翟家大客厅

C. 郑家前院翟家待客厅及鸳鸯楼

D. 郑家客厅

E. 郑家三过邸

F. 郑家门楼

图 4-10　翟郑两院前院的建筑装饰布局

台阶，侧面山墙为五跌屏风墙。西南两厢房的建筑形式与装饰构件完全一样。院中建筑的包檐为雕花砖，有别于其他院落的青砖包檐，形成装饰带效果。由于合院的三面围合界面均为青砖墙体,各立面之间的主次关系弱,没有形成良好的空间秩序感。

同等规模的刘家院①,其前院面积为 13000 mm×1100 mm 的规整矩形。合院的东面为堂屋,南北面为厢房,西面过邸。过邸的内立面开敞,整体为槅扇,槫心处为锦纹,裙板雕刻如意纹,左右盘头雕刻植物纹样。堂屋与东西厢房的形制及装饰构件无多大区别,主要差别是门前台阶的形制与级数不同。它们均为单层硬山建筑,清水脊,无兽,无山花。门户采用青砖门楣、砖雀替门角、石门墩及黑漆木门形式。堂屋门前 9 级垂带台阶,其中垂带尺寸为 400 mm×900 mm×600 mm,台阶尺寸为 170 mm×1640 mm×200 mm。左右花坛,内置花卉。厢房门前为 3 级台阶。合院内的建筑立面为青砖墙体,一面为全槫槅扇,建筑立面的主次关系不明显,没有形成良好的空间秩序感。

综上分析可知,居住式前院空间装饰丰富,分布门楼、正脊兽、山花、挂落、砖雀替、雕花盘头、石门墩及台阶等建筑装饰,缺乏影壁。建筑立面的形式较为丰富,有全槫槅扇,或槛窗及青砖墙体形式。规模较大的院落的前院还兼有花园的功能。院中各立面具有较为明显的主次之分,形成了良好的空间秩序感;而规模小的院落的前院空间的建筑立面形式相对单一,各立面之间没有明显的主次之分,也就没有形成较好的空间秩序感。

3. 立面形式简洁与丰富并存的商居式前院空间

窑湾商居式院落的前院空间因围合界面的不同而分为两种形式:一种立面形式简单,另一种立面形式丰富。

第一种,由于前院为操作空间,立面讲究围合而显简单。例如,吴家院的前院为劳作空间,建筑(图 4-11A)均为两层,屋脊为瓦砌镂空脊,两头起翘,无吻兽,无山花。包檐中有一层斜砌丁砖,不同于户部山的细砖包檐,形成细节装饰效果。青砖墙体立面,小尺寸窗户(黑木窗楣)。门户采用黑色原木门楣,砖雀替门角,黑漆木门与门钹门环形式。院内有一座体量较小的福字壁(图 4-11B),既有阻挡视线的作用,也起到分割空间的效果。影壁后面为五间正房,二楼前有格子栏杆,形成"灰空间",加强与庭院空间的衔接。盘头雕刻简单纹样,不同于户部山盘头。前院四角种少量植物。合院中各建筑立面均为青砖墙体,缺乏主次对比效果,因而无法形成良好的空间秩序感。

再如,酱香院的前院为商业操作空间,即为作坊场所(图 4-11D)。西厢房为单层硬山建筑,屋顶为清水脊,两端略微起翘,无兽、无山花。立面为青砖墙体。北厢房立面为青砖墙体,门洞由底部直达到檐底,无门楣及石门墩;门扇上部的余塞板

① 建于清末民初,为一进院落,院后花园于 1985 年改为戏马台的一部分。现存主房与厢房。占地 600 m²,建筑面积为 230 m²,现存房间 4 栋建筑。

尺寸大,可以调节高度,与户部山的门扇结构不一致。其后为小花园,内植几坛树木、毛竹,连接居住院落,同时在空间上进行区分。

第二种,由于前院空间为商业展示空间而使立面形式丰富。例如,民俗馆的前院(图 4-11E、F)为商业展示空间(面积为 30000 mm×22000 mm),立面形式丰富。南厢房为两层,采用通透的槅扇形式,二楼出挑形成檐下灰空间。一层为槅扇与槛窗形式,梁枋之间有挂落,显得玲珑剔透。东厢房为一层,采用通透的全樘槅扇形式,梁枋之间有挂落。西北两面厢房均为 2 层,采用青砖墙体。院内建筑均为清水脊,两端略微起翘,无兽,无山花。合院中,东南厢房为装饰重点,立面形式为槅扇,西北厢房为次之,为青砖墙体,各立面之间形成了主次对比关系,形成了良好的空间秩序感。

A. 吴家过邸北面

B. 吴家前院

C. 吴家二进院

D. 酱香院前院

E. 民俗馆前院

F. 民俗馆前院

图 4-11　商居式前院的建筑装饰布局图

由此可见,由于功能有差别而使得前院空间的立面形式丰富与简洁并存,立面之间因缺乏明显的主次关系而缺少空间秩序感。

综上分析可知,官邸式院落的前院空间装饰丰富,分布的建筑装饰构件有影壁、门楼、插花云燕、正脊兽、垂脊兽、走兽、山花、挂落、砖雀替、雕花盘头、石门墩及台阶等。建筑立面的形式较为丰富,有全樘槅扇、槛窗及青砖墙体形式。前院的各立面之间形成了良好的主次关系;居住式院落的前院空间装饰亦较为丰富,分布的建筑装饰有门楼、正脊兽、山花、挂落、砖雀替、雕花盘头、石门墩以及台阶等,但缺乏大体量的影壁。建筑立面的形式较为丰富,有全樘槅扇、槛窗及青砖墙体形式。规模大的院落的前院空间还兼有花园功能。合院中各立面具有明显的主次之分,形成了良好的空间秩序感。而规模小的院落的前院空间的建筑立面形式相对单一,各立面之间无明显的主次之分,缺乏空间秩序感;商居式院落的前院空间为丰富与简洁并存,各立面之间缺乏主次关系并缺少空间秩序感(表 4-2)。

表 4-2　徐州传统民居前院空间分布的建筑装饰种类

前院空间	石狮	抱鼓石	影壁	正脊兽	垂脊兽	仙人走兽	插花云燕	山花	插拱批檐	插拱门罩	雕花门楣	台阶	门墩	砖雀替	挂落	门楼	骑马雀替
官邸式	×	×	•	•	•	•	•	×	×	•	•	×	•	•	•	•	•
居住式	×	×	•	•	•	•	•	×	×	•	•	×	•	•	•	•	×
商居式	×	×	•	×	×	•	•	×	×	•	•	×	•	•	×	×	×

(三)讲究私密性的内院空间

徐州传统院落的内院空间均以讲究私密性为主,对装饰的要求低。一则体现徐州人务实的精神,二则也是徐州人讲究防御的体现。

1. 装饰少但等级明显的官邸式内院空间

翰林府邸内院主要由翰林楼院、月亮门院、客屋院[①]以及上院二进院组成。

翰林楼院是家中长者居住的院落,面积为 12500 mm×11400 mm。北面为翰林楼(图 4-12A),南面为厢房,东西两面为过邸。翰林楼的屋顶为荷花板脊,五脊六兽,仙人走兽,"双狮"山花与白色山云。立面为青砖墙体与插拱披檐形式,没有采用槅扇或槛窗形式。门户采用青砖门楣、砖雀替门角、石门墩、黑漆木门、椒图门环与 5 级垂带台阶的形式。立面整体庄严厚重。西面过邸(图 4-12B)为清水脊,一脊两兽。通道开在最左边,6 扇槅扇,内立面做挂落,石门墩与 3 级如意台阶。东面过邸(图 4-12C)连接月亮门院,清水脊,一脊两兽。整体立面为青砖墙体,门户采用青砖门楣、砖雀替门角、兽形石门墩、黑漆木门、椒图门环与 3 级垂带台阶的形式。南厢房与东过邸的装饰无异,只是门前为 2 级垂带台阶。虽然四周建筑立面均为青砖墙体,但各立面上的建筑装饰存在差异,具有较为明显的等级区别。

月亮门院是女眷居住的院落,更讲究私密性。其装饰等级低于翰林楼院,而且封闭性强。建筑格局为:北面为主屋图(4-12D),东面为厢房,南面为月亮门(图

---

①　据孙统义老师讲述,翰林崔焘为了弥补大院在风水上的不足而建客屋院。客屋院背依户部山,面朝繁华的南关上街(今彭城路),东西坐落在一条清晰的中轴线上,依次分布着三座过邸。穿过这三座过邸是一座歇山顶的大殿,是崔家接受朝廷圣旨诏书的地方。大殿周围绕以檐廊,石砌的踏步侧面雕刻云纹图案,气势恢宏,美轮美奂,以此象征着皇恩浩荡。客屋院东侧有藏书楼,学堂屋和馨悦轩是客屋院的后半部分,其后门可直通上院的后花园。客屋院大门前有一对威武的石狮。街西原有一条河流,使客屋院占尽"背山面水"的地势。如今,由于客屋院损毁严重而被拆除建成户部山步行街。

4-12E)与穿堂(图 4-12F),西面为过邸。主屋为一层,清水脊,一脊两兽,山花山云。青砖墙体立面,插拱批檐。门户采用青砖门楣、砖雀替、石门墩、黑漆木门、门钹门环与3级垂带台阶形式。过邸、厢房均为清水脊,一脊两兽,山花山云,青砖墙体。虽然院内面积较大,为 13000 mm×10700 mm,但中间被有月亮门的檐墙一分为二。院中的各建筑立面形式无区别,但各立面上的建筑装饰存在差异,具有较为明显的等级区别。

A. 翰林楼   B. 翰林楼厢房   C. 翰林楼东

D.月亮门院北厢房   E.月亮门   F. 月亮门院穿堂

图 4-12　翰林院内院建筑装饰布局

综上分析可知,虽然内院建筑都采用青砖墙体,没有采用槅扇或槛窗的形式,各立面之间无明显的对比效果,但是各立面上所分布的建筑装饰构件不一样,主屋与厢房、过邸之间存在一定的差异。因此,各立面之间具有较为明显的等级区别。

2. 装饰少且缺乏差异的居住式内院空间

相对于官邸式内院而言,居住式民居的内院的建筑装饰差异则很少,主要是通过台阶的形制来加以区别。

余家中路内院由堂屋、东西厢房及垂花门构成。院内面积小,为 10700 mm×6200 mm。堂屋(图 4-13A)为清水脊,无兽,无山花。立面外观朴素,青砖墙体,不加柱廊,也没有采用插拱批檐形式。由于建筑采用“上砖下石”的砌筑形式,下碱高达 1000 mm,无形之中挤压了屋身的面积,形成“高台基”的假象,也构成了厚重的视觉形象。门户采用青砖门楣、砖雀替门角、石门墩、黑漆木门、门钹门环与5级台阶形式。南面的垂花门为硬山顶,金字梁架结构。垂花柱结合梁架的构造支撑屋顶,构造及装饰与翰林楼以及北方官式垂花门的结构均不同。东西厢房清水脊,青砖墙体。由于院中各建筑立面均为青砖墙体，缺乏主次关系。各建筑立面所分布的建筑装饰的差异小，且没有形成良好的空间秩序感。

A. 余家中堂屋

B. 余家西堂屋

C. 余家西厢房

D. 郑家院过邸

E. 郑家堂屋

F. 郑家厢房

G. 翟家堂屋

H. 翟家绣楼

I. 翟家南厢房

J. 翟家南厢房

K. 翟家东厢房与过邸

图 4-13　徐州传统居住式内院的建筑装饰布局

西堂屋（图 4-13B）因立面的门廊与窗罩而显得主次关系较为明显。西堂屋（现改为婚嫁习俗展示区）为清水脊，无兽，无山花。当心间门前（尺寸为 4300 mm×3000 mm×1200 mm）加的单庇门廊，清水脊并整体起翘，檐下有格子挂落。门前中间为 4 级垂带台阶，左右 2 根 3000mm 的落地柱。左右窗户上有飞砖窗罩（类似徽州民居的瓦檐门楼的砖罩,具有徽州建筑的影子),并与门廊一起形成了西堂屋的装饰特色。东西厢房为单层,门户采用青砖门楣、砖雀替门角、黑漆木门及门钹门环形式。垂花门与中路院的垂花门一致。由于堂屋与厢房立面所分布的建筑装饰存在明显差异,各立面之间的等级差异性较大。

虽为苏州后裔,但是郑家内院的建筑立面没有采取槅扇或槛窗的形式(苏州传统民居的内院建筑立面多采用槅扇及槛窗形式),而是采用青砖墙体形式。堂屋(图 4-13E)与厢房的形制及装饰差异小,均为单层,清水脊,无兽,无山花。门户采取青砖门楣、砖雀替、黑漆木门及门钹门环的形式。堂屋门前 4 级垂带台阶(垂带尺寸为 400 mm×900 mm×600 mm,台阶尺寸为 170 mm×1750 mm×200 mm),厢房(图 4-13F)则为 3 级如意台阶。由于各建筑立面均为青砖墙体,立面上几乎无建筑装饰。因此,各立面之间缺乏差异性而无明显的主次关系。

由于对称布局容易展现出一种方正规整的美感,有助于创造庄严端庄及平和宁静的空间境界。因此,为了追求对称格局,翟家堂屋(图 4-13G)选择了坐西面东形式。堂屋为单层,清水脊,无兽,无山花。立面为青砖墙体,未采用全樘槅扇或槛窗形式。由于地势因素,台基高达 2500 mm,使得堂屋比两层的绣楼还要高出一些。台阶南边做了房胆,以破煞气。高台基加上 9 级大尺寸垂带台阶,形成了高大堂正的视觉感。北面绣楼(图 4-13H)为二层建筑,清水脊,无兽,一组插拱披檐。采用"上砖下石"(一层为麻石砌筑,二层为青砖)的立面形式,左右上下各开 2 扇支摘窗。二楼批檐下的"小姐窗"①较为精美,面积是左右窗户的一倍。东侧墙体做了骑墙影壁。南厢房与鸳鸯楼西立面(图 4-13I、J、K)均为青砖墙体,无插拱披檐。院内建筑的门户均采用青砖门楣、砖雀替门角、石门墩、黑漆木门、门钹门环与台阶形式。院内面积为 16500 mm×13100 mm 的较为规整矩形,为院落中最大的合院。由于四面建筑均为青砖墙体,没有槅扇或槛窗形式,因而各立面之间差异性小而没有形成明显的主次对比关系。

综上分析可知,居住式内院的建筑均采用青砖墙体立面,而没有采用江南或北方民居的槅扇或槛窗立面形式。因此,各立面之间差异性小而没有形成明显的主次关系。

3. 缺乏装饰的商居式内院空间

徐州传统商居式内院空间极为简朴,缺乏建筑装饰构件。

吴家内院(图 4-14A)的屋脊为瓦砌镂空脊,两头起翘,无吻兽。门户采用黑色

---

① 徐州传统民居的"小姐窗"与徽州民居的"小姐窗"在造型及工艺上均不同。徽州的"小姐窗"可以开启的部分很小,四周是不可开启的雕花漏窗、窗腰和窗肚板。徐州传统民居的"小姐窗"则没有如此复杂,其窗户部分安装了高为 1200 mm 左右的回纹格子窗腰,内层安装木板窗扇,可以开启通风采光,也可以关闭以保护隐私。格子窗腰下面还有一块往内伸出 500 mm 左右的木板,可以供小姐坐在上面休息并观赏风景。外加窗罩,可以挡住风雨,当阳光从镂空的额枋板中泻下之时,缕缕阳光或许增添她们心中的丝丝柔情。

原木门楣,砖雀替、黑漆木门与门铍门环形式,窗户采用黑色原木窗楣。四角种植少量植物与树木。各建筑立面均为青砖墙体,立面上缺乏建筑装饰构件,因此各立面之间无主次关系。

A. 吴家内院

B. 民俗馆内院

D. 酱香院客厅

C. 酱香院绣楼

E. 酱香院月亮门

图 4-14　商居式内院空间的建筑装饰布局

民俗馆内院(图 4-14B)位于操作空间的东北角,面积小(6930 mm × 5800 mm),建筑立面缺乏建筑装饰构件。建筑均为单层,采用青砖墙体立面。清水脊,两端略微起翘且无兽。三层细砖包檐,其中一层为丁砖斜砌形成装饰。门户采用黑木门楣、砖雀替、黑漆木门及门铍门环形式。院子四角作花坛,内种植花草,美化环境。由于合院的围合界面均为青砖墙体且缺乏建筑装饰构件,因而没有形成明显的主次关系。

酱香院内院(图 4-14C、D、E)的北面为二层的绣楼,清水脊,无兽,三跳插拱承托披檐。青砖墙体,门洞采用青砖门楣、砖雀替门角、黑漆木门、门铍门环与 2 级如意台阶形式。西面过邸的中间为过道,左面空间为客厅。南厢房的东立面开门,上有一组插拱门罩。东面月亮门的形式与余家院、翰林府邸的月亮门一样。院内面积小,为 7200 mm × 5200 mm,四角作花坛,内种植花草。由于院内四面围合界面均为青砖墙体,各立面上缺乏建筑装饰,因而没有形成明显的主次关系。

通过分析可知,商居式院落的内院围合界面均为青砖墙体,并缺乏建筑装饰构件,因而没有形成明显的主次关系。

综上分析可知,虽然官邸式内院的围合界面均为青砖墙体形式,缺乏槅扇或槛窗形式,但是各建筑立面上建筑装饰存在差异,各立面具有明显的等级区别;居住式内院的围合界面均为青砖墙体且缺乏槅扇或槛窗的形式,加之立面上缺乏建筑装饰构件,因此各立面之间没有形成明显的主次关系且差异性小;商居式内院的建筑立面均为青砖墙体,立面缺乏装饰构件,没有明显的主次关系(表4-3)。

表4-3　徐州传统民居内院空间分布的建筑装饰种类

内院空间	石狮	抱鼓石	影壁	正脊兽	垂脊兽	仙人走兽	插花云燕	山花	插拱批檐	插拱门罩	雕花门楣	台阶	门墩	门廊	砖雀替	挂落	门楼
官邸式	×	×	•	•	•	×	•	×	×	×	•	•	•	×	•	×	×
居住式	×	×	•	×	•	×	•	×	•	×	•	×	•	×	•	•	×
商居式	×	×	×	×	×	×	×	×	•	×	×	×	×	•	×	•	×

通过对上述三类院落的入口、前院、内院空间及各围合界面上所布建筑装饰的种类及数量的分析,可以确定建筑装饰位于院落中的位置与种类并非随意布置的,而是受各空间的场所特性及建筑等级所限制,从而论证了院落空间对建筑装饰存在限定性作用。

三、徐州传统民居独立性装饰构件的空间尺度分析

建筑装饰的空间尺度,实质为建筑装饰的大小与所处空间之间的对比关系。适合的大小对比就会产生和谐的尺度关系。由于观者的因素,建筑装饰的空间尺度其实是倾注了人的情感色彩的主观尺度。它实际上包含两个方面的属性:人们可以直接把握的物理量(即可以测量的数据)和人们心理感受的量。由于本书已将装饰构件分为结构性和独立性装饰构件,而且结构性装饰构件位于建筑立面上,与建造及立面构图的关系密切,而且体量相对较小;而独立性装饰构件位于建筑立面之外且体量大,与空间环境的关系更为密切。经过甄别,徐州传统民居的独立性装饰构件主要为石狮、影壁、抱鼓石及门楼。这些独立性装饰构件以物质形式存在于具体的空间环境中,与周围的环境空间形成了两种类型的空间关系——实空间和虚空间。实空间是指装饰构件本身所占有的三维空间,而虚空间则是装饰构件在四周造成的空间效果。虚空间的产生由实空间来决定,实空间与虚空间是相辅相成、互相制约的。本节重点讨论独立性装饰构件的实空间及其与所处空间之间的相互关系。

（一）石狮的空间尺度分析

黑格尔认为，在艺术品的材料与表现方式之间存在"一种奥秘的和互相契合的"耦合关系。早在殷商时期，石头因体积沉重而被人类赋予具有镇压妖孽的威慑力，因而将其雕刻成狮虎等猛兽造型并置于宅门前可以达到护院辟邪的效果。例如，安阳殷墟出土的石刻鸮、蟾和虎首人身怪兽等是古人需求庇护的佐证。古代匠师往往会根据家主需求以及材质特性，对石兽的造型、纹样与体量进行确定，以彰显家主的社会地位。一般而言，中国传统院落的宅前多分布石狮，宫殿、寺庙、宗祠及陵墓前则可以分布其他造型石雕。按照传统布局，石狮分立宅门前两侧，雄狮居于左侧，雌狮居于右侧。雄狮的上身挺起，右爪按绣球。口含圆球或铜钱，头朝右转；雌狮则双唇紧闭，左爪抚幼师，头朝左转。两狮的视线集中于中轴线，两石狮的整体高度、蹲坐的姿势、身体比例、卷毛以及眼睛的形式都必须一致，而嘴、四肢、表情及身上的装饰物等则可以变化。

1. 翰林院石狮的空间尺度分析

由于各地的石狮因其姿态、神情以及各部分的不同比例，造就了各地石狮独特的风格，因此研究石狮各部分比例有助于确定其特征。据测绘，翰林院石狮的体量为 1600 mm×800 mm×600 mm，整体呈长方体，三维比（高宽厚之比）为 8∶4∶3。头部为 300 mm，躯干部分为 1100 mm，基座为 200 mm，它们之间比 3∶11∶2。头部约部占了整体的 1/5（北方石狮的头约占整体的 1/3，而南方石狮的头多占整体的 1/2）。石狮的整体比例协调，没有南方的"十斤狮子，九斤头"的夸张造型。为了突出威严感，匠师们刻意对石狮五官神情及头部鬃毛进行重点刻画，对其他部位则简要雕刻，形成主次对比而突出重点。

众所周知，整体是由局部组成的，局部对于整体尺度产生较大影响。局部愈小，反衬出整体越大。反之，过大的局部，则会使整体显得矮小。在立面效果上，石狮与抱鼓石虽然不位于墙体上，但它们与门户及插拱批檐共同作用，构建了功名楼庄严的形象。因此，它们的体量对功名楼立面产生重要的影响。据分析，它们均位于以门户高为直径的半圆内，各自之间的距离适中形成了良好的距离感，对立面构图的疏密起到了很好的调节作用。而且，众多装饰构件位于一个立面中，它们之间必有一定的比例与主次关系。石狮高为 1600 mm，抱鼓石高为 1200 mm，它们之间形成 4∶3 的比例关系。如此比例适中，既体现了石狮的威严，又没有过分削弱抱鼓石的作用。而且，石狮与抱鼓石在纵深上相距 600 mm 左右，形成了一定的纵深感。在纵深平面上，石狮距离功名楼立面 1200 mm。在横向平面上，石狮距离大门 800 mm。两狮各距离两边的披墙为 1650 mm，距离适中。如果距离墙体太近或位于墙角处，不易引起人们的关注，会减弱石狮的威严感。每只石狮的体量约为 0.64 m³，且与一般人的视线高度齐平，它们位于约 440 m³ 的空间中，显得较大。

加上大体量的抱鼓石、插拱批檐以及超高的青砖墙体,居于其中的人们无形之中会产生压抑感,从而产生了庄重崇高感(图4-15)。

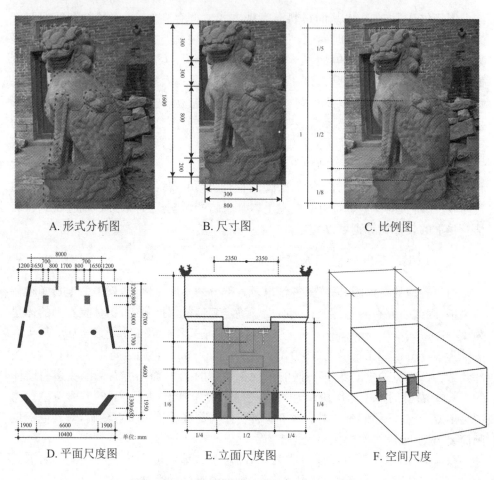

A. 形式分析图   B. 尺寸图   C. 比例图

D. 平面尺度图   E. 立面尺度图   F. 空间尺度

图 4-15 翰林院石狮空间尺度图

2. 窑湾传统商铺前石狮的空间尺度分析

(1) 颜家院石狮

据分析,颜家院石狮造型(图 4-16A、B、C)与山西王家院石狮的造型如出一辙。体量为 1300 mm×800 mm×600 mm,整体呈长方体,三维比为 13∶8∶6。头部为 400 mm,躯干部分为 500 mm,基座为 300 mm;头部占了整体的 1/3,躯干约占了整体的 1/2,可见石狮局部比例协调。石狮位于宅门两侧,约占整个立面宽的 1/5,约占立面高的 1/8。石狮位于 5100 mm×3200 mm×1000 mm 的凹入式空间中,显得较大,增添了门户的威严性。

（2）民俗馆石狮

据测绘,民俗馆石狮(图 4-16D、E、F)的体量为 1000 mm×500 mm×600 mm (包括基座高度,窑湾古镇的狮子均有石墩 200～300 mm,以调节狮子的高度),三维比为 10∶5∶6。头部为 300 mm,约占整体的 1/3;躯干部分为 300 mm,约占整体的 1/3;基座为 400 mm,约占整体的 1/3。石狮整体 1000 mm 的高度,恰好位于人的腰部之上,手可以轻易地触摸到其头部,以示喜爱之情。因此,狮子的额头光滑,没有丝丝卷发。门户高为 2400 mm,下檐高为 3600 mm。因此,石狮高度约占门户的 5/12,占整个门罩至地面高度的 1/3,占整体墙面的 5/18;石狮的宽度为 600 mm,与门罩阔之比为 1/4。由于街宽 3500 mm,楼高 5000～6000 mm,对于街道而言较为狭窄。如果狮子体量过大,则会影响交通。店面以亲和力为主,造型似犬且小体量的形式则更为合适。如果石狮体量过大而且神情威严,则不利于客人的光顾。

其他商铺前石狮的高度相差无几,形成的立面差不多(表 4-4)。

表 4-4　徐州传统民居石狮测绘数据分析图

名称	空间 （立面）	高、宽、厚	头、躯干、基座	三维 比例	局部 比例	立面 尺度
翰林院石狮	440 m³	1600、800、600	300、1100、300	8∶4∶3	3∶11∶3	1∶6
颜家院石狮	16.3 m³	1300、800、600	400、500、300	13∶8∶6	4∶5∶3	1∶7
民俗馆石狮	45 m²	1000、600、500	300、300、400	10∶6∶5	3∶3∶4	1∶8
铁铺前石狮	40 m²	1200、600、500	400、500、300	12∶6∶5	4∶5∶3	1∶5
商铺前石狮 1	43 m²	1400、600、500	350、650、400	14∶6∶5	7∶13∶4	1∶4
商铺前石狮 2	39 m²	1300、600、500	400、500、400	13∶6∶5	4∶5∶4	1∶5
商铺前石狮 3	40 m²	1350、550、500	350、600、400	13∶6∶5	1∶2∶1	1∶4

注:本章节的表格中数据的单位均为 mm。

综上分析可以得出如下结论:

① 取石狮体量的平均值可得出,徐州传统民居石狮的体量为 1300 mm× 650 mm×500 mm,三维比约为 13∶6∶5;头部尺寸多为 360 mm,躯干尺寸为 600 mm,基座尺寸为 360 mm,局部比约为 1∶2∶1;石狮体量与立面比位于 1∶4～ 1∶5 之间。

② 石狮在遵循自身的形式、比例与尺度的前提下与所处空间成正比关系。由于官邸式与居住式宅门具有围合性,能产生立体的空间。在一定限定内,空间越大,石狮的体量也越大;商铺前没有形成围合性的空间,因此石狮与立面的关系更为紧密,立面越大,石狮的体量也就越大。

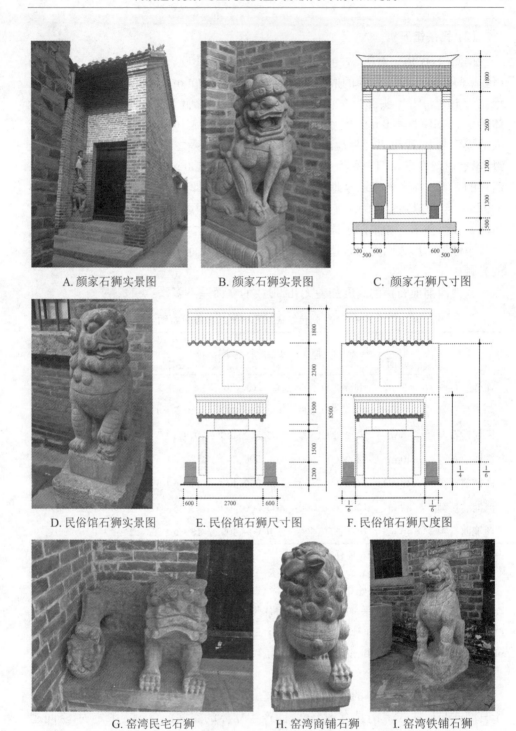

A. 颜家石狮实景图　　　　B. 颜家石狮实景图　　　　C. 颜家石狮尺寸图

D. 民俗馆石狮实景图　　E. 民俗馆石狮尺寸图　　F. 民俗馆石狮尺度图

G. 窑湾民宅石狮　　　　H. 窑湾商铺石狮　　　　I. 窑湾铁铺石狮

图 4-16　徐州传统石狮

（二）抱鼓石的空间尺度分析

抱鼓石[①]是门枕石[②]的一种，由石鼓和基座组成。它直立在门槛石座上，下面用花叶装饰呈托抱状。石鼓部分由一个大鼓和两个小鼓组成。大鼓的两边各有一圈鼓钉，鼓面中心是花饰，团花内有花纹、草纹、动物纹、吉祥纹及转角莲花等。圆鼓顶端有兽头，或蹲狮，或趴狮，或卧狮，姿态各异。趴狮的狮身部分基本含在鼓中，只有前面的狮头略略扬起而凸出鼓面。卧狮比趴狮高出一些，前腿站立而后腿伏卧，头部上扬。卧狮整体高度约占石鼓的1/4。

1. 抱鼓石结构

基座分为素平方墩与须弥座两种。鼓座上多雕刻牡丹、荷花、芙蓉、葵花、如意纹、卷草纹及云纹等纹样，表达祈福的寓意。例如，王家院抱鼓石，其鼓顶兽头呈扁平型，神情凶恶，鬃毛较少。鼓面中心是高浮雕的降龙，雕刻精细，似清代雕刻工艺。鼓脊前后为宝相花及忍冬草，两边的鼓顶明显。中间的承接部分被四个小兽所替代，极似汉代的力士。须弥座的地袱与上枋部分为忍冬草纹，束腰部分简化为一条线；上枭与下枭处的莲瓣极为壮硕，之间加了三角形的垂巾。由于在鼓与基座之间缺少承托部分，因而衔接不自然；加上复杂的工艺，抱鼓石反而没有浑厚之感，显得较为单薄。

根据造型特征，抱鼓石可以分为"螺蚌抱鼓石"[③]与"如意抱鼓石"两种。"螺蚌抱鼓石"的整个造型不对称，抱鼓石有向外突兀的起势，很像一只螺或蜗牛。"如意抱鼓石"则是由一个大鼓、两小鼓及须弥座组成。徐州传统民居多为"如意抱鼓石"，"螺蚌抱鼓石"数量少。究其原因为三：① 圆形在中国传统文化中有深厚的审美文化意蕴。中国人喜欢追求事情圆满吉祥的心理正好与"圆形"相契合。② 从

---

　　① 据历史资料记载，古时候三品官以下的宅第可以设置两个抱鼓石，三品官为四个，二品官为六个，一品官为八个，皇帝宫殿为九个（九鼎之尊）。在徐州民间则有不成文的规定：宗族或家人必须有人获得功名，才能有资格在宅院前立抱鼓石。而且石鼓越大，表明官品越高；无功名者不可立抱鼓石。但是到了清代，这种规定已不复存在，许多商居门前也立抱鼓石。

　　② 门枕石俗称门墩，早在汉代四合院就已经开始使用。它是功能性构件与封建礼制的物化符号。门枕石位置是在门框两边垂直边框的下面，以承托门扇的重量并使门扇能够转动。多数门墩为长方形，一半在门内一半在门外。门内的部分用来作门扇的转轴，门轴的下部插在凹穴里面。门外部分用来抵挡门板晃动的力，以保持门扇的平衡。而且，门外的部分多呈低矮的石台状，比门内部分长而厚。由于位列大门两侧，因位置显要而成为装饰的重点部分。一般文官宅门前多为箱式门墩，其形似箱笼，有规矩礼制；武官门前多为鼓式门墩，形似战鼓，有雄壮气概；庶民百姓门前多为兽首圆雕式门墩，形似狮虎，有生猛生动之意。转引鹤坪. 中华门墩石艺术[M]. 天津：百花文艺出版社，2001：9.

　　③ 徽州的抱鼓石体量较大，是因为徽州是同姓世族而居，按礼仪传统，辈分小的见到辈分大的要行礼；但按官品位的高低，官位低的长辈，反而要给官位高的晚辈行礼。为了避免出现相互尴尬的局面，其中一位远远地见到另一位就躲到抱鼓石的后面。另外，穷苦的人想要找大财主办事，不知道主人到底在不在家，又不便进到屋子里面，就躲在抱鼓石的后面观望，所以抱鼓石又称"隐身石"。

图形特征分析，圆形具有统一、完整、均质与稳定的形式美。③ 圆形鼓来自"尧设谏鼓，舜立谤木"的典故，门前设抱鼓石是欢迎来客之意。总体来说，南方的抱鼓石尺寸比北方民居的抱鼓石大，但厚度比北方的要薄些。

2. 权谨院抱鼓石的空间尺度分析

权谨院如意抱鼓石的造型简洁，由圆形鼓与素平底座构成。虽然体型较小，但鼓面雕刻较为精美。鼓面中心刻有主人出行场景图案。根据图像分析，主人虽为明朝尚书，但从人物服饰与雕刻形式上分析，却更具汉代艺术风格。从汉画像石图像中可知，汉代武士戴鹖冠，文臣戴屋状介帻，男仆则戴平上帻冠。女人则高束发髻，不佩戴什么配饰，衣裙宽松，袖口宽大（图 4-17A、B、C、D）。抱鼓石中的主人戴屋状介帻，穿着宽松的衣裙，左手玉牒，右手怀抱玉如意，骑着麒麟，神情高贵。因此，从发型与衣服上判断，中心人物应为权谨本人。前面有一仆人扛着旗号，后面紧紧尾随着手举着华盖的随从，场面甚是壮观（图 4-17E）。当然，可以运用汉画像中常采用的"底纹斜透视法"来体现场景的宏大。"三"即为多数，画面以"三"来描绘大场景，是受材料的面积所限及抱鼓石位置所困，只得采用此种形式。

外框雕刻八只蝙蝠与八个寿字，内框的纹样采用主体图像凸出，底为素平的形式。并且强调图案的轮廓线，在内部运用细线进行仔细刻画的造型手法。这种雕刻手法在汉画像石（砖）上常见。巫鸿先生认为，这种雕刻形式被认为是代表了一种空间意识没有得到充分发展的风格，其特征为图像的严格轮廓，剪影般的表现方式，以及"混合的平面和立面"的做法①。鲁道夫·阿恩海姆认为，古代艺术家喜欢采用各种强化手段，把图形的轮廓线加粗的目的是为了突出秩序、整齐、对称与节奏的艺术魅力。随着发展，人们对简洁的形越来越熟悉和习惯，其魅力逐渐减弱。因而，人们往往把较简单的形结合在一起，使之成为更为复杂多样的结构。在复杂事物之前，观察者如果不对其做出更为仔细地审视，便无法对它的整体组织做出全面的把握。因此，它的刺激性因复杂性的增加而加强了②。因此，为了吸引人们的注意力，匠师采用较为复杂的雕刻技术，运用"适形"的处理手法，纹样囿于圆中，各图形相让相适，井然有序。

---

① 巫鸿.武梁祠：中国古代画像艺术的思想性[M].柳扬，岑河，译.北京：生活·读书·新知三联书店，2010：62.

② 鲁道夫.阿恩海姆.视觉思维：审美直觉心理学[M].滕守尧，译.成都：四川人民出版社，2012：3-12.

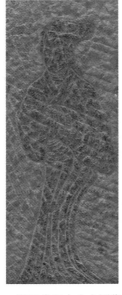

C. 汉画像石中动物纹样

A. 汉画像石中官员图像　　B. 汉画像石中女人图像　　D. 汉画像石中武士图像

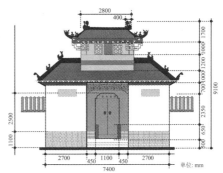

E. 权谨府邸抱鼓石图像　　　　　F. 权谨府邸抱鼓石数据图

图 4-17　权谨府邸抱鼓石

　　从构图形式上分析，画面中人像采用"情节型"构图，而没有采用"偶像型"构图形式[①]。虽然画面中人像较少为三人组合，但其组合关系、空间结构及文化底蕴却呈现出一派自然祥和气息。由于中国匠师惯用线条、块面的组合为手段，善于通过人物的衣褶等作为处理各种人物的身体结构、动作的表象，但对部分人物的头脸及五官的刻画只用线条、块面刻画出形状，而不追求其精确性。有时为了强调主要人物的地位与身份或表达对其崇拜与尊敬、赞美与贬低等意图而刻意夸大或缩小身体，或把头身比例进行变形。虽然抱鼓石人物的身体比例有些不对，但并不会影响人们的正常欣赏，而且主人的体型明显要大于仆人的体型。

　　《清营造则例》中记载了门鼓高按下槛高十分之十四，宽按高十分之七，厚按高十分之五[②]。据实地测绘，权谨院抱鼓石的体量（图 4-17F）为 650 mm×300 mm×200 mm，抱鼓石间距为 1100 mm，即内门洞的宽度；抱鼓石各距离左右垛墙为450 mm；抱鼓石与整体门洞的高度比为 650∶4200≈1∶7。

3. 王家院抱鼓石的空间尺度分析

　　王家院的如意抱鼓石的体型较大，兽头神情凶恶，鬃毛成团。鼓面中心是高浮雕的麒麟卧松图，鼓脊前后为宝相花及忍冬草纹样，两边的鼓顶明显。中间两小鼓之间运用莲花相连接。须弥座的束腰部分简化为一条线；上枭的仰莲与下枭的覆莲较为壮硕；中间三角形的垂巾上有高浮雕伏牛，下枋与圭角没有雕刻。整体的各部分比例协调，衔接自然，纯净的方圆组合给人浑然天成的厚重感。

　　据测绘，抱鼓石体量（图 4-18A）为 1000 mm×500 mm×300 mm，三维比为10∶5∶3。兽头体量为 80 mm×150 mm×240 mm；大鼓体量为 420 mm×420 mm×240 mm；鼓座体量为 150 mm×500 mm×300 mm。须弥座体量为 420 mm×500 mm×300 mm。上枋高为 70 mm，上下枭高为 250 mm，圭角高为 100 mm。大鼓直径为500 mm，约占整体的 1/2；鼓座高为 150 mm，约占整体的 1/6；须弥座为 420 mm，约占整体的为 1/3；其中上下枭及束腰部分为 250 mm，约占整体的 1/4（图 4-18B）。在建筑立面上，门洞尺寸为 3000 mm×1600 mm。抱故石与门洞的高之比为 1∶3；宽之比为 1∶6。抱鼓石与屋身立面高（高 6000 mm）之比为 1∶7（图 4-18C）。

---

　　① "情节型"构图通常是非对称的，主要的人物总是被描绘成全侧面或四分之三侧面，而且总是处于行动的状态中。换言之，这些人物的运动总是沿着画面向左或向右进行，一副构图中的人物总是相互关联的，他们的姿态具有动势，并且表现的彼此之间的呼应关系。这种图像一般以表现某个故事情节或生活中的状态为主题，亦可称为"叙事型"。这类构图是自足和内向的，其内容的表现仅仅依整个画面内的图像。观看这类图像的人只是一个观者，而非参与者。"偶像型"构图，一般指图像中主体的神则是正面危坐，威严神圣，无视左右侍者，从而直视图像外的观者。同时，观看者的目光亦被引导到画面的中心。由此，画像本身不再是封闭和内向的，画中之主神也不仅仅窜在于图画的内部世界。图像的意义不但在于其自身，而且还依赖于画外观者的存在。事实上，这种"开放性"的构图以一个假设的画外观者或膜拜者为前提，以神像与这个观者或膜拜者的直接交流为目的。转引：巫鸿. 武梁祠：中国古代画像艺术的思想性[M]. 柳扬，等，译. 北京：生活. 读书. 新知三联书店，2010：149-152.

　　② 梁思成. 清式营造则例[M]. 北京：清华大学出版社，2011：77.

A. 王家如意抱鼓石尺寸

B. 王家如意抱鼓石局部比例

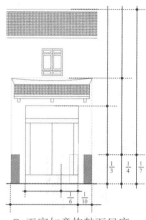
C. 王家如意抱鼓石尺度

D. 刘家如意抱鼓石实景

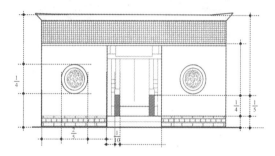
E. 刘家如意抱鼓石数据

图 4-18　刘、王家院抱鼓石数据图

4. 刘家院抱鼓石的空间尺度分析

刘家院的如意抱鼓石（图 4-18D、E）的体量较小，为 700 mm×400 mm×200 mm，三维比约为 7∶4∶2。大鼓直径为 300 mm，厚为 150 mm，鼓面为素平，没有雕刻任何图案或纹样。大鼓直径为 300 mm，约占整体的 1/2；花托部分尺寸为 150 mm×200 mm×120 mm，花托比方墩向前突出 100 mm，约占整体的 1/7；基座体量为 250 mm×300 mm×150 mm，约占整体 1/3。内凹门洞尺寸为 2000 mm× 4600 mm。抱鼓石与门洞高度之比为 1∶4。抱鼓石略显高大，高度应该小些，才能与门洞的尺寸和谐。

5. 窑湾商铺前抱鼓石的空间尺度分析

酱香院抱鼓石（图 4-19A、B、C）与徽州地区的如意抱鼓石如出一辙，整体体量小，为 1050 mm×400 mm×200 mm，三维比为 5∶2∶1。鼓顶为卧狮而非兽头或

爬狮,鼓脊雕刻高浮雕的花朵,鼓面雕刻"松鹿图"。须弥座体量为 250 mm×
300 mm×200 mm;大鼓直径为 300 mm,约占整体的 1/3;小鼓直径为 100 mm,两
小鼓距离为 400 mm。卧狮体量为 150 mm×200 mm×100 mm,约占整体的 1/10;
基座体量为 250 mm×400 mm×300 mm,约占整体的 1/4。立面上,抱鼓石与门洞
高之比约为 1∶2,与屋身立面高之比约为 1∶5。

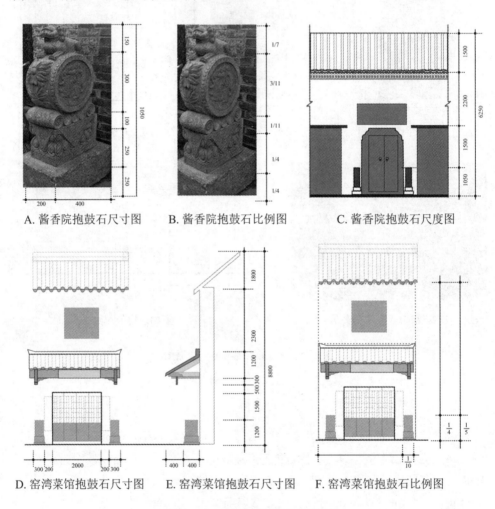

A. 酱香院抱鼓石尺寸图　　　B. 酱香院抱鼓石比例图　　　C. 酱香院抱鼓石尺度图

D. 窑湾菜馆抱鼓石尺寸图　　E. 窑湾菜馆抱鼓石尺寸图　　F. 窑湾菜馆抱鼓石比例图

图 4-19　窑湾商铺前抱鼓石数据

窑湾菜馆前抱鼓石(图 4-19D、E、F)类似徽州地区的如意抱鼓石,体量大,为
1200 mm×400 mm×300 mm,三维比为 12∶4∶3。鼓顶的趴狮为整只狮子而不只
是狮头,因此体量较大。鼓脊雕刻高浮雕的花朵,鼓面雕刻梅花。鼓直径为
400 mm,厚为 260 mm,约占整体的 1/3;趴狮部分体量为 200 mm×200 mm×
100 mm,约占整体的 1/6。基座为 600 mm,约占 1/2。抱鼓石各部分比例为 1∶2∶
3。抱鼓石与整体墙面高之比为 1200∶4800=1∶4。

表 4-5　徐州传统民居抱鼓石测绘数据分析图

名称	三维尺寸	大鼓	小鼓（花托）	基座	三维比例	局部比例	立面尺度
翰林院抱鼓石	1600、800、600	300	100	300	8：4：3	3：1：3	1：6
权谨院抱鼓石	650、300、200	400	100	250	6.5：3：2	4：1：2	1：6
蒋家抱鼓石	1000、500、300	420	150	420	10：5：3	3：1：3	1：7
刘家抱鼓石	700、400、200	300	150	250	7：4：2	6：3：5	1：9
酱香院抱鼓石	1050、400、200	300	100	250	5：2：1	3：1：2	1：6
窑湾菜馆抱鼓石	1200、400、300	400	0	600	12：4：3	2：3	1：7
吴家院抱鼓石	1200、400、300	400	100	700	12：4：3	4：1：7	1：7
商铺前抱鼓石 1	1200、450、400	400	150	650	12：5：3	3：1：4	1：6

综上分析可以得出如下结论：

① 取数据中的众数值得出，徐州传统民居抱鼓石的体量为 1200 mm×400 mm×300 mm，三维比为 12：4：3；大鼓直径为 400 mm，小鼓直径为 150 mm，基座尺寸为 250 mm，局部比多为 3：1：3；与立面比例为 1：6～1：7 之间。

② 徐州传统民居抱鼓石与建筑立面的关系密切，体量尺度依据所处门洞的尺度形成正比关系——门户越高，抱鼓石的体量越大，反之亦然。

（三）影壁的空间尺度分析

影壁是建于院外或庭院内且与门相对，起屏障、围合及装饰作用的一种掩体。影壁的功能是为了遮挡人们望向院内的视线，从而保持建筑内部的隐私与安静。从建筑环境上分析，影壁能挡风聚气，形成院内小气候。因此，影壁的设置是非常合理的。

1. 影壁结构

从材料上分，影壁分为砖砌影壁、石筑影壁及在墙体外面包砌琉璃构件影壁；从造型上分，影壁分为一字形影壁、八字形影壁和骑墙影壁三种。一字形影壁是指其造型在平面上如"一字"；八字形影壁其实是由三个一字壁组合而成；骑墙影壁则是指砌筑在山墙上的影壁。无论何种影壁，其基本结构由壁座、壁身及壁顶三部分组成。壁顶由屋顶面、屋脊、屋檐及檐下的椽头及斗拱等部分组成。壁顶的形式根据影壁的重要性分别采用庑殿、歇山、悬山和硬山四种形式，显示出等级的区别。壁身为砖砌墙体、墙体中部是雕刻装饰重点部位，周围四角刻有各种动植物图案等。而且，影心有硬心和软心两种装饰手法。硬心装饰是指在壁心位置采用两种不同的方法:① 在壁心边框位置用普通的砌砖,正中心用镜面砖拼成斜格或雕动植物及花卉纹样,使中间与四周墙体形成明显的区别;② 在壁心正中的砖体上雕刻花纹,四边仅在四个岔角雕刻岔角花。软心装饰是指在壁心位置用白石灰抹平,题字或不题字,与青砖壁顶和壁座形成鲜明的对比。壁座是整个影壁的承重部位,一般为多层砖砌筑而成,较讲究会用须弥座。

2. 八字壁的空间尺度分析

翰林院的八字壁是由左中右三部分构成,形成"八"字造型,也称为"雁翅形影壁",它只能用于官员府邸。因此,翰林院前的八字壁是徐州现存唯一的八字形影壁。壁座为砖砌须弥座,束腰内没有雕刻如意等纹饰。壁身为砖顺扁砌墙体,壁心为硬心做法——磨砖斜砌,中心雕刻瓶、梅花、兰花,四周为卷草纹,四个岔角为蝙蝠纹。壁顶采用硬山式,下有五道细砖枭混,没有橼头、斗拱等部分。正脊为荷花板脊,两端的吻兽独具特色,带有明显的地区传统风格。

八字形影壁的中间体量为 6600 mm×5100 mm×650 mm,三维比约为 10∶8∶1。中间部分的壁顶高为 1200 mm,正脊高为 300 mm;壁身高为 3300 mm,壁心高为 2500 mm;壁座高为 600 mm。中间吻兽高为 500 mm,左右吻兽高为 400 mm,在尺度上做了细小的区别。中间壁心的尺寸为 1500 mm,距离左右边框为 2000 mm,距离上下边框距离为 400 mm,中间为梅花及宝瓶雕刻。两边部分体量为 1960 mm×4100 mm×650 mm,三维比约为 3∶6∶1。左右部分的壁顶高为 1000 mm,壁身高为 3000 mm,壁座高为 600 mm。壁座为须弥座,没有北方影壁须弥座的结构与复杂雕刻。上枋与上枭处没有雕刻纹样,尺寸也压缩了些;束腰部分相应加大,没有雕刻,只有 5 个 1500 mm×200 mm 的格子。因而,须弥座在视觉上显得有些薄而轻,缺乏稳定感。在空间上,八字壁起到空间界定的作用,左右披墙高为 6500 mm,功名楼的高度为 10000 mm,其距离功名楼为 11300 mm,形成了 11300 mm×9600 mm×6500 mm 的狭长空间(图 4-20)。

3. 一字壁的空间尺度分析

(1) 功名楼院影壁

功名楼院一字影壁的壁顶采用硬山集中形式,下有木质橼头及三道细砖枭混。正脊为花板脊,两端的吻兽为开口兽。壁身的左右两边为砖顺扁砌墙体,壁心为硬心做法——磨砖斜砌,中心为砖雕"福"字,四周为竹与兰纹样,并连在一起形成较大面积纹样区域。以现代构成规律来看,壁心的雕刻显得较为繁琐而缺乏美感。壁座为砖石砌筑须弥座,但束腰内有如意纹雕饰,下枋雕刻卷草纹,下枭较为敦实。影壁的体量为 6000 mm×4600 mm×500 mm,三者之比为 12∶9∶1。壁顶高为 1300 mm,壁身高为 2600 mm,壁座高为 1000 mm,三者之比约为 1∶2∶1。虽然,影壁与院外八字壁的中间部分尺寸相近,比例相似,但在视觉上吻兽与须弥座均显

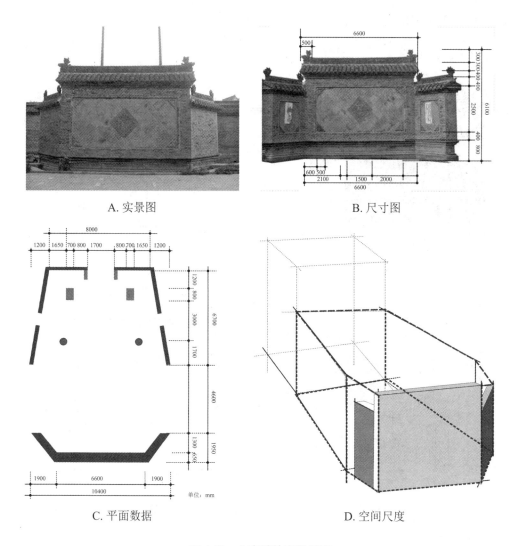

A. 实景图　　　　　　　　　　　　　　　B. 尺寸图

C. 平面数据　　　　　　　　　　　　　　D. 空间尺度

图 4-20　八字壁的空间尺度

得小。

　　在空间上,影壁距离东院墨缘阁院 2000 mm,距离功名楼 9900 mm,距离西面佛堂院 5000 mm,北面祠堂院 2700 mm。根据人们活动尺度的距离,主要通道宽为 2200 mm 左右,而 5000 mm 大于 2200 mm,便于一切活动的通行。同时,影壁将功名楼院分割成内外两个空间。内空间为影壁与北面厢房形成了宽为 6000 mm,进深为 2700 mm,高为 4600 mm,形成体量为 74.5 m³ 的活动空间,便于女人在其间劳作。外空间的宽为 13000 mm,宽 9900 mm,高为 4600 mm,形成体量为 592 m³ 的活动空间,可以供小孩玩耍,家族集会议事及举办大型活动。由于影壁体量较大且位于院中,既彰显了气势,又具有"仪门"的功能,起到心理空间暗示的作用(图4-21)。

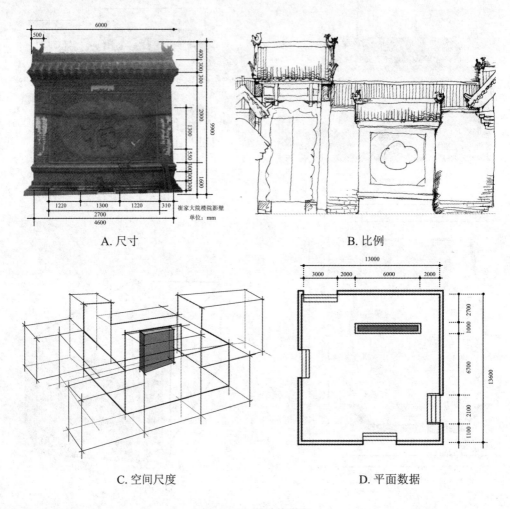

A. 尺寸　　　　　　　　　　　　　　B. 比例

C. 空间尺度　　　　　　　　　　　D. 平面数据

图4-21　影壁体量图

(2) 祠堂院影壁

　　相比较而言,祠堂院影壁与功名院影壁结构一样,但体量相对小些,壁心的雕刻要精致些。壁顶采用硬山集中形式,下有砖质椽头及三道细砖枭混。正脊为花板脊,两端的吻兽为开口兽,但没有八字壁的吻兽有特色。壁身的左右两边为砖顺扁砌墙体,壁心为硬心做法——磨砖斜砌,中心为雕有蝙蝠、流云及铜钱纹样的福字,四个岔角为卷草纹样,大小适中。壁座为砖砌须弥座,束腰内有如意纹雕饰,下枋与下枭变换了位置,下枋雕刻卷草纹,下枭较为敦实。影壁体量为 3500 mm×3500 mm×650 mm,三维比约为 5∶5∶1。壁顶高为 800 mm,壁身高为 1700 mm,壁座高为 800 mm,三者之比约为 8∶17∶8。壁心的尺寸为 1400 mm×1200 mm,其距离左右边框为 850 mm。影壁的高度比周边的墙壁矮。壁顶约占整体的 1/4,而壁身约占整体的 1/2,须弥座约占整体的 1/4。壁心的"福"字约占壁身宽度的 1/3,壁柱约占壁身宽度的 1/9,壁柱与壁心的距离约占整体的 1/4。须弥座各部分的比例——上枭及上枋约占 1/5,束腰及下枋约占基座 2/5,下枭约基座 2/5,比例均匀而显得美观。

空间上,影壁与右边翰林院的过邸相连,使其具有隔断的功能。影壁后的祠堂院具有一个较大的空间,利于祭祀活动的进行。从平面上计算,影壁东面为翰林院(D)100 mm,距离大过邸(A)2500 mm,距离西面厢房(B)7500 mm,距离北面大祠堂(C)6000 mm。根据人们活动的尺度距离,主要通道为 2200 mm,3500 mm 大于2200 mm,便于一切活动的通行。影壁与北祠堂形成了长 112000 mm,宽 6000 mm,面积为 67.2 m² 的活动空间,此空间为家族进行祭祖活动的地方(图 4-22)。

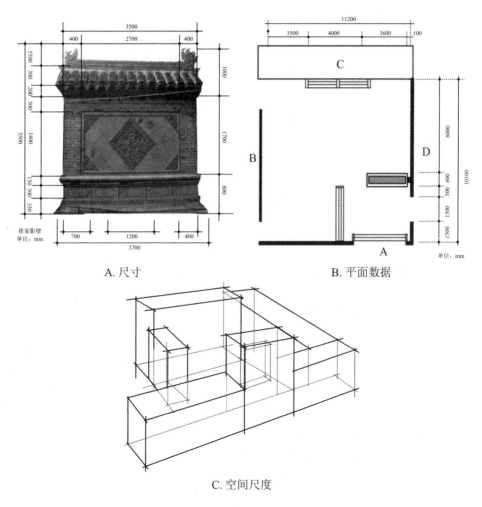

A.尺寸　　　　　　　　　　　　　　　B.平面数据

C.空间尺度

图 4-22　祠堂院影壁数据图

(3) 吴家院影壁

影壁造型与户部山民居的影壁造型有所不同。正脊为花板脊,两端没有吻兽但稍微向上扬起。壁身部分又分为三段,而且下部分容易与基座相混淆。壁座为清砖砌筑方墩,没有雕刻如意等纹饰。壁身两边为清砖顺扁砌墙体,壁心为硬心做法——磨砖斜砌,中心为砖雕福字,四个岔角雕刻蝙蝠,寿桃及卷草。壁顶采用硬山集中形式,下有三道细砖枭混,没有椽头、斗拱等部分。

影壁的体量为 4250 mm×3700 mm×500 mm,三维比约为 8∶7∶1。壁顶高为 800 mm(其中正脊高为 500 mm,合瓦屋面高为 200 mm,枭混高为 100 mm),壁身高为 2600 mm(上下部分各为 400 mm,壁心高为 1800 mm),壁座高为 300 mm,三者之比约为 3∶9∶1。空间上,影壁距离前门房及东西厢房各 2000 mm,为通道而已;距离北面正厅为 4000 mm,距离过邸 8000 mm,便于生产操作。影壁后空间有"十"字形过道,左右空地为花草树木,可以供小孩玩耍及大人工作的地方。3700 mm 的高度高于门的高度,恰好起到了阻挡作用(图 4-23)。

徐州传统民居影壁的具体数据表 4-6。

表 4-6　徐州传统民居影壁测绘数据分析图

名称	虚空间	高、宽、厚	壁顶、壁身、壁座	三维比例	局部比例	空间尺度
八字壁	661.5 m³	9600、5100、650	1200、3300、600	16∶8∶1	2∶5∶1	1∶50
功名楼院一字壁	1149.2 m³	6000、4600、500	1300、2600、1000	12∶9∶1	1∶2∶1	1∶100
祠堂院一字壁	735.3 m³	3500、3500、650	800、1700、800	5∶5∶1	1∶2∶1	1∶100
吴家院一字壁	720 m³	3700、3500、500	800、2200、700	7∶7∶1	1∶3∶1	1∶100

综上分析可以得出如下结论:

① 取平均值,一字壁的体量为 4580 mm×3900 mm×550 mm,三维比为 8∶7∶1,壁顶尺寸为 970 mm,壁身尺寸为 2150 mm,壁座尺寸为 800 mm,局部比为 1∶3∶1;空间尺度为 1∶100;

② 一字形影壁的体量与所处院落的空间大小成正比关系。在一定限定内,如果院落空间越大,影壁的体量就越大;反之,影壁的体量就要小些。一般说来,影壁高于人的视线,宽度则比入口宽些,才能起到阻挡视线作用。

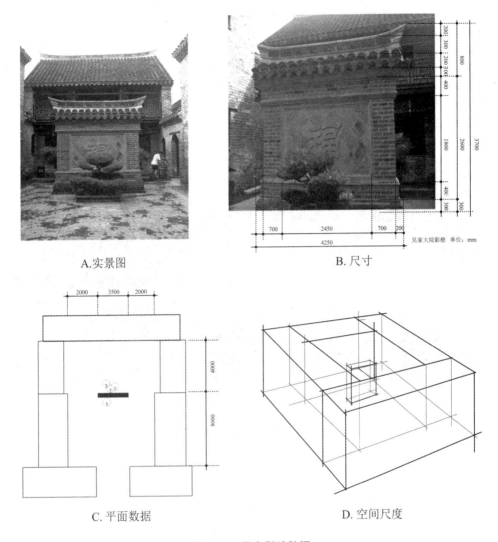

A.实景图　　　　　　　　　　　　　　　　B.尺寸

C. 平面数据　　　　　　　　　　　　　D. 空间尺度

图 4-23　吴家影壁数据

(四) 门楼的空间尺度分析

　　《玉篇》中记载"在堂房曰户,在区域曰门"。在中国传统木构架体系中有两种不同性质的门,一种为单体建筑出入口的门,称之为"户"。例如,房门、屏门、板门及隔扇门等,它是一种外檐装修,属于"小木作";而作为院落或建筑组群出入口的门,属于建筑构件,称之为"单体门"。例如宅门、院门及宫门等。单体门在中国建筑组群布局中,是非常重要的构成元素。单体门不仅是院落平面布局组织的中心环节,也是建筑内外空间的连接点,还是空间序列的起点。特别是位于整个院落的外立面上的宅门是最直接、最突出的形象载体,家主均会要求匠师对宅门进行精心装饰,从而展现出主人的文化品位和身份地位。

正如李允鉌先生曾指出:"门制"成为中国建筑平面组织的中心环节。门具有引领整个主题的任务,同时也代表着一个平面组织的段落或者层次。因此中国古典建筑就是一种"门"的艺术①。因此,单体门与梁架一样,由建筑本体演化为建筑装饰行列。徐州传统民居的门楼主要分为低墙门、高墙门以及屋宇门(图4-24)。下面将采用分类和定量研究法对三类门楼的空间尺度进行重点分析。

A. 翰林院门楼　　　　B. 余家院门楼　　　C. 翟家院门楼

E. 翰林院北过邸　　　F. 郑家北过邸　　　G. 民俗馆门楼

D. 窑湾商铺门楼

图4-24　徐州传统民居各式单体门

1. 低墙门的空间尺度分析

低墙门是指墙体的高度低于单体门的高度。由于单体门高于墙体而不受墙体约束,可以做成完整形态,亦称为"门楼"。一般而言,低等门楼多用硬山顶,而高等门楼多用歇山顶。据实地调查,徐州传统民居的门楼均采用硬山顶,而没有发现采用歇山顶或其他形式屋顶的门楼。

根据出檐的深浅,徐州传统民居的低墙门可分为3种形式:① 垂花门楼②。装饰等级高,五脊两兽,垂脊末端45°外翘。屋檐平直,檩条架在两根额枋上,额枋之下为两根粗梁与两跳的"一斗两升"的插拱及垂莲柱。承托屋顶的两立柱位于中

---

① 李允鉌. 华夏意匠:中国古典建筑设计原理分析[M]. 天津:天津大学出版社,2011:63-65.
② 垂花门是中国传统民居中较为独特的建筑构件,是内院的标志。它最突出的特点是正面有两根悬空的垂柱,垂柱300～400 mm长,垂吊在屋檐下,最下面的柱头,做成圆形或方形的吊瓜形式,有的漆饰五彩作为装饰。北方垂花门多为三檩,屋顶常做成勾连搭的形式,由人字屋顶和卷棚顶两种形式组合而成。这是因为垂花门面阔仅一间,进深大于面阔,为避免正立面上屋顶比例过高而采取勾连搭的做法。

间,硬山两庇前后均等。两边的檐墙出檐 200 mm 左右,有 3 道青砖枭混,两边的墙体无论多长都做屋檐,如垂花门与谢恩枋等;② 硬山门楼。装饰等级高,采用硬山顶,金字梁结构,五脊两兽。一面为墙体,并开门户。另一面敞开,有两落地柱。由于硬山门楼的墙门两侧常常砌出垛墙,形成一定的进深空间,呈现出由墙门向屋宇门的过渡形态,如翰林院中门楼;③ 瓦檐门。屋檐与两边的檐墙结构一样,只是高出 600 mm 左右。正脊为清水脊或瓦砌镂空脊,两角微微上翘,无兽。屋檐平直且出檐较短,多为 120 mm 左右,无法阻挡风雨。在形态上,瓦檐门与洞门更为接近,如余家、郑家的汉式门楼及窑湾传统民居的瓦檐门。

门楼虽然在结构与体量上貌似独立,不受空间所限。但笔者认为,既然门楼居于院落空间中,是空间的节点与起点,势必会与所处空间及周边建筑发生一定的关系,否则无法产生协调,这是传统民居空间设计中必考虑到的要素。

(1) 垂花门楼

谢恩枋位于翰林院内,为三檩垂花门式门楼(图 4-25A、B)。采用荷花板脊,五脊六兽,斗拱、挂落与"谢恩枋"金字匾。门扇前后面各有 2 级台阶,没有兽形门墩。两根站柱插入台基 1300 mm,以稳定结构。由于地势的原因,两侧没有使用戗杆,而改用垛墙,站柱一半砌在垛墙内,垛墙尺寸为 1800 mm×500 mm×2900 mm,上有雕花盘头。垛墙两侧中部各有一段院墙,以顶住垛墙形成丁字形结构,保证了整座牌楼的稳定性。台阶由四块条石砌成,形成每边两踏的台阶。上两块台阶尺寸为 3000 mm×580 mm×250 mm,下两块台阶尺寸为 3000 mm×480 mm×250 mm。脊檩与檐檩之间距离为 900 mm;整体梁架尺寸 2400 mm×800 mm;斗拱的尺寸为 700 mm×1800 mm;垂花柱高为 1000 mm,垂花头长 200 mm。牌坊体量为 3260 mm×5780 mm×2800 mm,三者之比约为 1∶2∶1。它比骑墙影壁、东跨院门楼及周围檐墙要出许多,以体现其重要地位。

墨缘阁垂花门(图 4-25E)不同于北方垂花门结构。屋顶没有做成勾连搭的形式,而是人字庇硬山屋顶,高出左右檐墙 500～600 mm。采用抬梁式结构,有四根檩条。五脊六兽,垂脊末端 45 度外转,屋檐平直;垂花柱长为 1100 mm,莲花垂头,中间为格子挂落,与檐墙相连,一面为青砖墙体与门洞,另一面为开敞面。为此,垂花门有前后两道门,分别为"屏门"和"棋盘门"。整体门楼为素色,没有北方垂花门的彩绘与雕刻,显得内敛朴素。在较小规模院落中,没有设专门内院(如翟家院、蒋家院、酱香院等),那么小姐的绣楼多位于房屋的二楼,做法为在窗户上做披檐并结合垂花柱、雕花挂落或彩绘额枋形成标志。在窗户处设有高约 1200 mm 靠栏与透扇窗,左右为直棂窗[①],庄严中略带柔美。

《清式营造则例》中规定:垂柱的上身按檐柱高 4/15,垂头按上身长 1/2;上身

---

① 据资料显示,直棂窗在宋朝以前运用较多。由于条条直棂类似牢房,因而宋朝以后很少使用。徐州传统民居多用指摘窗便于采光通风,唯独小姐窗采用直棂窗形式,其目的显然是为了加强安全性。

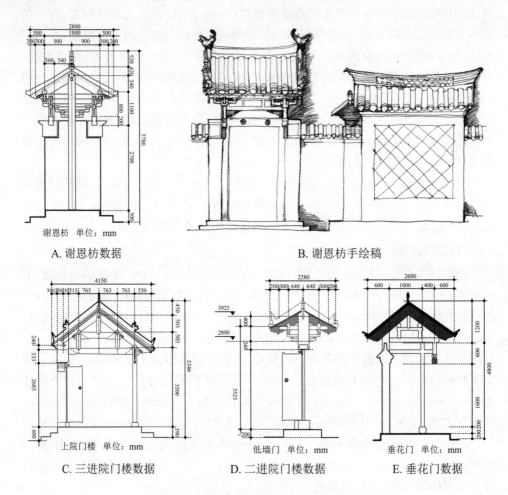

A. 谢恩枋数据　　　　　　　　　　　　B. 谢恩枋手绘稿

C. 三进院门楼数据　　　D. 二进院门楼数据　　　E. 垂花门数据

图 4-25　徐州传统民居的硬山门楼数据图

见方,按檐柱径方 9/10,垂头按上身见方 15/10;面阔按檐柱 12/10。翰林院的垂花门的数据为:垂花柱高为 600 mm,垂花头长为 200 mm,面阔为 2000 mm。两层额枋的宽均为 2000 mm,高为 400 mm;庑高为 1200 mm,进深为 2600 mm,高出垛墙 1200 mm。后门高为 2000 mm,宽为 1200 mm,黑漆木门,后有腰抗石栓门。垂花部分的高度约占整体建筑的 1/3。前柱与后墙的距离为 1000 mm ,为平时主要的通行,台基高为 200 mm。整体门楼高为 4510 mm,进深为 3000 mm,宽为 2000 mm,屋顶厚重,所占比例约为 1/2,下面为立柱,没有垛墙,显得较为压抑。

(2) 硬山门楼

位于翰林院三进院的硬山门楼(图 4-25C)采用五檩抬梁式,体量为 4150 mm× 5346 mm×2000 mm。花板正脊,五脊六兽,末端起翘并 45 度外转。北面敞开(内立面),两柱落地,上部分为 2000 mm×400 mm×30 mm 雕花额枋、垂莲柱及小雀替,下檐高 4400 mm。南面(外立面)有 340 mm 的盘头与尺寸为 2685 mm 的门扇、方形门墩及三级台阶(尺寸为 600 mm);黑漆木门,朝南开,后有腰抗石栓门。

位于翰林院二进院的硬山门楼(图 4-25D),为三檩二柱结构(两边檐墙高为 2915 mm),合瓦屋面,花板正脊,有吻兽但没有餲脊兽及仙人走兽,末端起翘并 45° 外转。两侧屋檐采用雕花博风木板。两侧各采用一根中柱承接屋檐重量,脊檩直接架在中柱上,两侧的檩条架于两横梁上,再由两组(前后各一组)两跳插拱 (635 mm×640 mm)传递到中柱。下檐高为 3490 mm,门扇尺寸为 1500 mm× 840 mm,方形门墩尺寸为 260 mm×640 mm×320 mm。门楼整体体量为 2280 mm× 3525 mm×1700 mm,三维比约为 23∶35∶17。

2. 高墙门的空间尺度分析

高墙门是指墙体高于门楼的部分,门楼与墙体相组合。徐州传统民居的高墙门没有徽州、江南及山西传统民居的高墙门做工复杂、造型繁复,主要有门罩,结构简单,清新雅致。

据分析,户部山传统民居的门罩形式为插拱门罩——正脊为清水脊,4~5 层清砖扁砌,两端略有上翘;合瓦屋面位于檩条之上,檩条下是前后两根额枋,额枋之下分别有一根粗梁及二跳或三跳的"一斗两升"式插拱;门前有多级台阶的垂带踏跺。例如,郑家院的门罩体量较大,尺寸为 2400 mm×1200 mm×600 mm。相比较而言,扬州传统民居的门罩显得单薄细长,尺寸不大;徽州传统民居的门罩则太厚,较短,显得笨重;而晋商大院的门罩则过于奢华、复杂。窑湾传统民居的门罩形式为插梁门罩——门罩下面无插拱,而是两根较粗的梁头。正脊两端无兽头或吻兽装饰;例如,民俗馆过邸门罩与堂屋门罩、吴家院门罩均为直面坡顶,有正脊而无垂脊,正脊两端无兽头。大清邮局的过邸门罩为曲面形式,下位插梁承重。

民俗馆的门罩(图 4-26A)位于一层门户之上,距离檐口线 2300 mm 的位置,为直坡瓦面形式。檐下没有采用斗拱或插拱形式,而是采用插梁承重形式。整体体量较大,为 2700 mm×1500 mm×1200 mm,比徽州、扬州、苏州以及山西传统民居的门罩都大些。而院内堂屋的门罩的体量较小,为 1200 mm×800 mm×500 mm。相对而言,窑湾菜馆的门罩(图 4-26B)较为精细,为直面坡顶,有正脊,无垂脊。正脊两端无兽头装饰,为鳌尖形式。距离檐口 2300 mm。门罩下面无插拱或斗拱,是两根较粗的梁头。门罩下有两根垂花柱与格子挂落。其体量较大,为 4200 mm× 800 mm×1200 mm。

大清邮局的门罩(图 4-26C),距离檐口线 1300 mm,檐口线下有五层细砖枭混与较宽的镜面砖,而且镜面砖上部还有一排紧密排列的、凸出的正方形小砖块,形成了精致的装饰效果。门罩为曲面坡顶,有正脊,无垂脊,无兽头。门罩下面无插拱,而是两根较粗的梁头。整体体量较小,为 2300 mm×1000 mm×1500 mm。

通过上述分析可知,门罩的体量主要依据其门洞的位置以及宽窄而定。

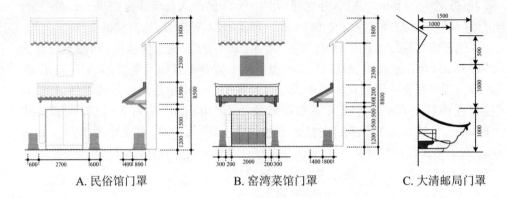

A. 民俗馆门罩   B. 窑湾菜馆门罩   C. 大清邮局门罩

图 4-26 窑湾传统民居门罩数据图

3. 屋宇门的空间尺度分析

屋宇门[①]是呈屋宇形态的门，在单体门中运用得最为广泛，包括王府大门、广亮大门、金柱大门、蛮子门以及如意门等形式。广亮大门是指大门框槛安装于中柱脊檩部位，前后敞开；金柱大门是指把大门框槛从中柱移到金柱的位置，使得前面的空间更大；蛮子门一般用于一进或两进以上四合院的院门，是将门窗与门框更向前推移，立在前檐柱处的大门。门扉安装在外檐柱间，门扇的形式仍采取广亮大门的形式；如意门是指在檐柱位置用砖砌成窄小门口。徐州传统民居的过邸具有一定的进深，左右可以连接房屋，属于屋宇门。但主要是起到连接各庭院，起到通行的作用。

由于屋宇门在徐州传统民居中运用最多，这里只选取具有典型性的屋宇门进行分析，以期觅得其中规律。

翰林院三过邸（图 4-27A）是连接下院与上院的重要建筑。东西高差2440 mm，是典型的因地势而建的建筑。按理可以用鸳鸯楼来解决高差的问题，但如此下院与上院便无法贯通，因而采用屋宇门形式并在西面采用峻道的台阶来连通上下院。过邸采用金字梁，体量为 4880 mm×6338 mm×2038 mm，三维比约为 2∶3∶1；门扇尺寸为 2400 mm×1500 mm，下檐高为 3554 mm，东面整体高度为 6398 mm，西面为 8858 mm。

北过邸（图 4-27B）是连接功名楼院与内院的重要建筑，体量为 5800 mm×4000 mm×6400 mm。其装饰构件较多，除了屋顶的兽头装饰外，屋檐下还有1200 mm×3000 mm 的挂落，500 mm×300 mm×4300 mm 的墀头，3800 mm×

---

① 从平面构成上，屋宇门大体上可分为三型：一是塾门型。由中部的门与两侧的房组成。二是戟门型。这种门的前后檐全部敞开，中柱落地，大门框槛安装于中柱脊檩部位，常用于大型建筑组群作为戟门及仪门。三是山门型，主要用于寺庙作为山门和二山门。

700 mm的花芽子,七排七钉的朱漆大门,兽头门墩及抱鼓石。

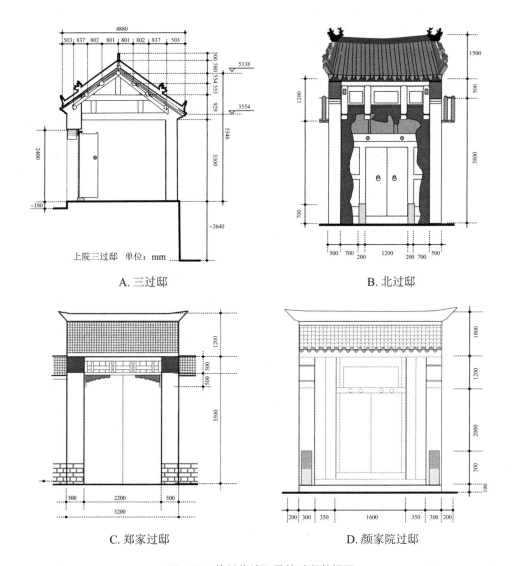

A. 三过邸　　　　　　　　　　　　　　　　B. 北过邸

C. 郑家过邸　　　　　　　　　　　　　　D. 颜家院过邸

图4-27　徐州传统民居的过邸数据图

郑家院过邸(图4-27C)颇有汉代建筑遗风,其体量为4700 mm×3200 mm×2500 mm。其中,屋顶的高为1200 mm,两边砖柱尺寸为3500 mm×500 mm×300 mm。高出两边垛墙1200 mm,垛墙上为“十字形”的镂空砖砌。面向内院的南面做三层砖细包檐与挂落,两边青整砖青灰丝缝砌筑到顶。门洞上方是几皮挑砖挑雀替,门楣为青砖扁砌13级台阶并门枕石。

颜家院过邸(图4-27D)属于如意门式,装饰较为精美。扁担脊,两端为鳌尖形式。采用铁皮包门,上有四排七钉形式;门扇采用形象放大机制,走马板较大而余塞板尺寸小,尺寸为 1600 mm×3600 mm;两边为砖砌剁墙,350 mm×3600 mm×300 mm,墀头的尺寸为 300 mm×3800 mm×400 mm,盘头的尺寸为 300 mm×1200 mm×400 mm,整体体量为 5600 mm×2900 mm×2500 mm。如图 4-27 所示。

各门楼之间的数据及差异性如表 4-7 所示。

表 4-7　徐州传统民居门楼测绘数据分析图

	名称	高	宽	深	三维比例
低墙门	谢恩坊	5780	3260	2800	2∶1∶1
	三进院门楼	5346	2000	4150	1∶2∶1
	二进院硬山门楼	3525	1700	2280	1∶2∶1
	垂花门	4510	2000	3000	3∶9∶1
高墙门	郑家门罩	600	2400	1200	1∶4∶2
	民俗馆门罩	1200	2700	1500	1∶2∶1
	窑湾菜馆门罩	800	4200	1200	7∶3∶1
	大清邮局门罩	1000	2300	1500	2∶4∶3
屋宇门	三过邸	6338	2038	4880	3∶1∶2
	北过邸	5800	4000	6400	5∶4∶6
	郑家院过邸	4700	3200	2500	9∶6∶5
	颜家院过邸	5600	2900	2500	4∶2∶1

综上分析可以得出如下结论:

① 取平均值得出低墙门的体量为 4788 mm×2320 mm×3080 mm,三维比多为 1∶2∶1;

② 取平均值得出高墙门的体量为 900 mm×2900 mm×1350 mm,三维比多为 1∶3∶1;

③ 取平均值得出屋宇门的体量为 5610 mm×3035 mm×4070 mm,三维比多为 5∶3∶4;

④ 门楼的体量因类别不同而异,与所处空间成正比关系。

4. 中西合璧的李家过邸的空间尺度分析

李家大楼为中西合璧式门楼,是过邸立面的西式化样式。门头分为三部分,上部分为观音兜(山花)及柱头;中部为拱形券、西式立柱、门扇以及砖砌立柱;下部为台基及石砌柱子。

具体测绘数据如下:

观音兜(山花)尺寸为 3665 mm×2100 mm×100 mm;柱头的尺寸为 1225 mm

×330 mm×150 mm；外拱的尺寸为 3665 mm×1845 mm×150 mm；券高为 350 mm；距离地面 5425 mm。内拱的尺寸为 1465 mm×1145 mm×150 mm；券高 270 mm；距离地面 4855 mm。

台基尺寸为 750 mm×3665 mm×650 mm；柱子的底部（石砌部分）尺寸为 1225 mm×770 mm；科斯林柱尺寸为 2960 mm×450 mm；柱头的尺寸为 330 mm× 600 mm；爱奥尼柱尺寸为 2960 mm×300 mm；柱头尺寸为 400 mm×500 mm；门扇 的尺寸为 1505 mm×2630 mm×120 mm；外层拱门与内层拱门相距 1600 mm，后拱 门与门扇距离 500 mm，其后是进深为 3500 mm 的过道。

中间两根砖砌立柱尺寸为高 7005 mm，直径 770 mm；距离为 5250 mm，其余整 体高度 7925 mm，狭长，具有威严感。最外两根砖砌柱子的高为 3955 mm，直径 770 mm，距离中间柱子为 1330 mm。整座门楼高 7925 mm，9405 mm；高出左右屋 檐 2020 mm，形成较大的气势。先有三层台阶进入门口，再过 1600 mm 的拱形空 间，跨过黑漆木门，再过 3500 mm 的空间，层层递进，无形之中形成大户人家的风 范（图 4-28）。

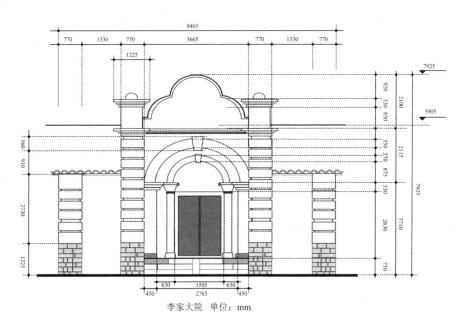

李家大院　单位：mm

图 4-28　李家门楼数据图

第五章 徐州传统民居建筑装饰与内部空间的度量关系研究

中国人历来讲究"天人合一",室内空间以"用"字为核心,建筑的内部空间需要适合人的尺度。儒家则将礼制因素融入到建筑中,认为建筑的体量与空间尺度只有合乎礼制的规范,才能达到中庸和谐。因此,研究建筑装饰的内部空间布局与尺度,实质上是研究内部空间中各类建筑装饰之间的相互关系,以及由它们所形成的空间效果。经过调研发现,徐州传统民居多数采用独特的金字梁结构,内部空间狭窄,所能容下的建筑装饰及家具很少而显得简洁。少数客厅采用抬梁结构,内部空间相对较大,所能容下的建筑装饰与家具相对丰富。本章重点研究徐州传统堂屋与客厅的内部空间中,各类建筑装饰之间的相互关系与尺度,以及由它们所形成的空间效果。

一、徐州传统民居内部空间特征

建筑的内部空间由围合构成要素和陈设构成要素组成。其中,围合构成要素包括隔断要素、顶隔要素以及地面要素;而陈设构成要素主要包括家具要素、帷帘要素、字画要素以及灯具与器玩要素。从建筑装饰的定义上区分,围合要素属于建筑装饰,而陈设构成要素则不属于建筑装饰。但它们的共同作用却能营造出内部的精神空间。

(一) 模式化的间架制度

徐州传统民居的内部空间结构采用"间架制度"。所谓"间架制度",即"建筑之面宽间数及进深之安排,为平面构成之基础"①。这种"间架制度"始于汉代,并成为中国传统建筑的共有特征。"间"有两个概念:一是指四柱之间的空间;二是指两缝梁架之间的空间。"间架制度"决定了中国传统建筑以"间"为基本单元,以单数"三、五、七、九"为模数,横向拼接成单个独立的建筑物。多数民居采用三、五开间,

---

① 李乾郎.台湾建筑史[M].台北:雄狮图书股份有限公司,1979:27.

规模大的住宅则可以采用七开间，皇宫采用九开间。无论是何种开间，均是这种基本模块——间的重复与组合。

单体建筑的形态，可以分解为平面构成、剖面构成和立面构成。单体建筑平面以"间"为单元，由一间或若干间组成。而剖面受制于檩子的数量、出廊的方式、举架的高低和梁架的组成。单体建筑平面、举架高度以及梁架形式与建筑的内部空间密切相关。在面阔方面取决于开间的数量，在进深方面取决于间的架数。江南地区的传统建筑，厅堂的进深常分成三部分：前部为"轩"；中部为"内四界"；后部为"后双步"。而且，中国传统民居的内部空间大小与格局，很大程度上受到梁架材料和结构的制约。调研发现，徐州传统民居采用间架结构，最常见的是三开间的"一明两暗"及五开间的"明三暗五"形式。所谓"一明两暗"，是指三间房间横向拼接成单体建筑物，中间的房间称作"明间"（或"当心间"），一般比两边的房间宽，两边的房间称为"次间"。由于明间正面多开门，采光比次间好，因此称为"一明两暗"。"明三暗五"是指建筑面阔三间，但为了取得更大的使用空间，常在次间左右增设两间——稍间，稍间正面不开窗户，因此立面看起来是面阔三间，实有五间。

（二）梁架结构与构架形式

1. 木构梁架结构

徐州传统民居采用中国传统建筑常用的木构梁架结构，而非采用西方的"砖石承重墙式结构"。至于中国建筑为什么会采用木材而不是砖石，许多中国建筑史学者曾有过专门论述。刘致平教授认为，中国传统民居以木构梁架为结构是由于中国"多木少石"的自然资源特色所造就形成的[①]。英国汉学者李约瑟博士则认为，这是由于中国早期缺乏大量的奴隶，无法像西方古代时期一样驱使大量奴隶劳动建造石砌建筑，只能采用木构建筑。[②] 这显然是缺乏科学依据的。为此，李允鉌先生从建筑技术的层面上进行考证，认为中国传统建筑的营造技术在当时已经非常先进，可以利用木材来建造重体量建筑物，而不需要用石材以及其他材料。据考证，汉代建筑已经能达到 100 多米高，而且全是用木材建造而成。所以，中国古人在思想上就认为木结构的建筑形式是最合理和最完善的形式，而无需再用其他架构。再者，从建造时间成本与人力成本上分析，木结构建筑是当时最节省材料、最

---

① 刘致平. 中国建筑类型及结构[M]. 北京：中国建筑工业出版社，1957：22.

② 李约瑟认为"肯定不能说中国没有石头适合建造类似欧洲和西亚那样子的巨大建筑物，而只不过是将它们用之于陵墓结构、华表和纪念碑，并且用来修筑道路中的行人道、院子和小径"。他认为中国建筑采用木构梁架与中国的奴隶制度有关，并指出："中国各个时期似乎未有过与之平行的西方文化所采用的奴隶制度形式，西方当时可在同一时候派出数以千计的人去担负石料工场的艰苦劳动。在中国文化上绝对没有类如亚述或者埃及的巨大的雕刻'模式'……秦始皇帝的绝对统治，……可以动员很大的人力投入劳役，但是那时中国建筑的基本性格已经完成"。转引：李约瑟. 中国科学技术史：第四卷·第三分册[M]. 北京：科学出版社，2001：29，43.

节省人力、最节省施工时间的建筑体系。

如果从中国的传统审美情趣上看,由于中华先民世代繁衍生息于亚洲北温带地区,人们在长期的农耕生活中,逐渐形成了对自然与土地的崇拜。同时,中国人天生对宗教"淡泊",以伦理道德代替宗教信仰。正是中国先民对神的疏远,对现实生活的追求,认为世间一切事物都有新陈代谢,反复循环的自然规律,使得先民产生建筑与衣服、马车及其他东西一样无需经久耐用,而需经常更换。因而也就没有必要用坚固的石头来建造房屋①。台湾学者汉宝德认为,中国人选择木材作为建筑的主要材料,并不是当时的营造技术太差,也不是从节约经济成本上的考虑,而是与人们的价值观念有关。在先民看来,石头没有生命感且位于地底之下,因而用于墓室的建造更为合适。而生长在地面的树木,郁郁葱葱,四季变化,具有旺盛的生命力。用木材作建屋的材料,是"天人合一"的观念体现。在汉代以后盛行的风水学说中,"木是气的象征,以青龙为标志,以东方为位……在五行中,土也是吉象,居中央,主方正。它与木相配合,是相辅相成的"②。或许正是由于对风水的重视以及对生命感的追求,致使中国人采用木构结构建筑。

从根本上讲,中国建筑的选材是许多因素综合作用的结果。一种建筑形式能够经历几千年的历史而不衰亡,说明了它是极其优越和经得起任何冲击和考验的,而且在发展的过程中积累了无比丰富和宝贵的经验。

2. 梁架的构架形式

徐州民居承袭了中国传统的木构梁架结构,且构架形式主要有两种——抬梁式和金字梁。为此,我们需要先了解梁架的基本结构(图 5-1A)。梁架一般由梁枋、站柱和立柱所构成。相邻两檩中对中的水平距离称为步架。步架以位置不同可分为廊步(或檐步)、金步及脊步等。如果是双脊檩卷棚建筑,最上面居中一步则为"顶步"。在同一幢建筑中,除廊步和顶步在尺度上有所变化外,其余各步架尺寸基本是相同的。带斗拱大式建筑的步架,尺度一般为檩径的 4~5 倍,具体尺寸则要视房座进深大小与梁架长短需要,分多少步架来确定。主梁(即柁)的两端在前后两金柱上,梁的长短随进深定。最下一层最长的一根梁称"大柁",次上一根称"二柁",以此类推。在主梁上放短柱,短柱上又支一根短的梁,层层叠落,成为梁架体系。各柁也可按本身所负桁或檩子的总数目,称为"几架梁"。例如,所负共有七檩(桁),则称七架梁,其上一层则称五架梁。由大柁均分作若干步架,长度以步架

---

　　① 诚如梁思成先生所说:"古者中原为产木之区,中国建筑结构既以木材为主,宫室之寿命固乃限于木质结构之未能耐久,但更深究其故,实缘于不着意于原物长存之观念。盖中国自始即未如古埃及刻意求永久之不灭之工程,欲与人工与自然物体竞久存之实,且既安于新陈代谢之理,以自然生灭为定律;视建筑且如被服舆马,时得而更换之,未尝患原物之久暂,无使其永不残破之野心。"转引:梁思成. 梁思成文集[M]. 北京:中国建筑工业出版社,1986:111.

　　② 汉宝德. 中国建筑文化讲座[M]. 台北:三联出版社,2011:27-28.

为准;二柁与三柁之间,每层梁之缩短以每次两端均缩短一步架为准则。

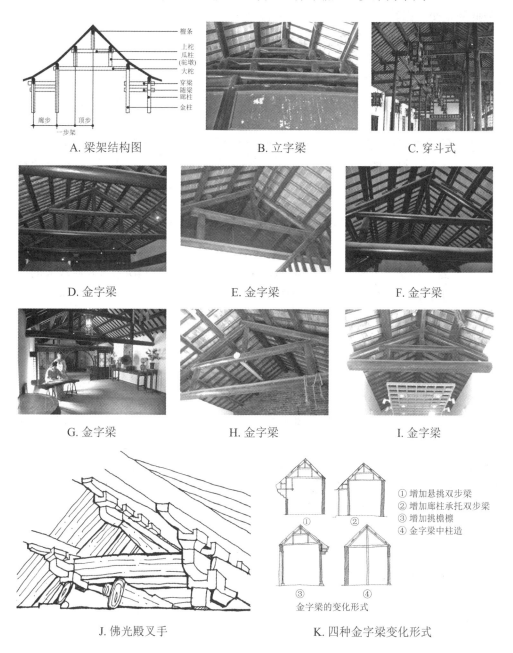

图 5-1　徐州传统民居的梁架结构图

(1) 抬梁式

抬梁式(图 5-1B)是中国古建筑最为常见,分布最广的结构系统,其主要依靠垂直于地面的柱（包括童柱）和平行于地面的梁承受屋面檩条处的集中荷载，梁和柱彼此间正交。因其横剖面类似"立"字，故被称"立字梁"。抬梁式等级较高，做法考究，多用于祠堂、客厅、堂屋。或彩饰，或雕刻，脊步透雕卷云纹样。抬梁式结构的形式是沿着建筑进深布置立柱，柱上架梁枋，梁上再叠多层短柱与柁以连接屋顶的檩或椽条。虽然梁头不穿过柱身而是架在柱头上，但枋是要穿过柱身以加固构架。其梁架结构由大柁、二柁、三柁和檐柱、金柱、瓜柱组成。长梁是承受剪力的建筑构件，立柱是承受垂直重量的构件。各种梁柁的长度可长可短，根据房屋的进深而定。一般来说，长的梁柁可达到四步架或六步架的长度，而每步架长约 1000～2000 mm，那么梁柁的总长为 6000～12000 mm。这样的长度虽然可以取得大的空间跨度，但需要很粗的木材，而且还需要更粗的立柱来承重，也需要较粗的椽木或檩木。因此，大尺寸的梁架不仅浪费材料，而且浪费钱财。

　　另外，中国古建筑常见的还有穿斗式，穿斗式（图 5-1C）则是沿着房屋的进深方向立柱，但立柱的间距较密，柱子直接承受檩的重量，不用架空的抬梁，而以数层穿通各柱子，组成一榀榀构架。抬梁式和穿斗式在传力方式和用木方式有较大的区别。无论何种形式，梁架体系具有三大优点：① 经济。② 十分坚固。白松木具有四倍于钢材的张力和六倍于混凝土的抗压力。虽然卯榫结构与梁架结构的整体显得缺乏刚性，但这种构造使得整个建筑充满不稳定性，同时却令人惊讶的坚韧和牢固。③ 有利于向模件体系的发展，可以满足多种建筑功能，并可适应各种气候条件①。

　　徐州传统民居的客厅多采用抬梁式，其特点是抬梁屋架不做举折，坡面显得颇为厚重。抬梁的尺寸较大，耗材，但营造的空间尺度大，宽敞。抬梁的尺寸较大，进深多为 6500～7000 mm 之间，屋顶的坡度相对平缓，易于形成端庄大气之感，因此多用于客厅与祠堂这些重要的地方。建筑进深以五檩、七檩为主。七檩房屋规模较大，等级较高。在缺少木材的徐州，主屋与正厅的梁架一般都采用七架梁。客厅的中跨以采用五架梁②最为常见。

　　由于缺木，徐州传统民居抬梁的做法与北方官式建筑不同。梁上所立为短柱，且将梁头锯截后插入柱顶。明间两侧的屋架，上下各梁均用圆木，在与短柱的交接处做了"剥腮"处理，脊檩两则用抱梁云装饰。梁枋与柱的交界处没有雀替及挂落，显得简练。而且，由于梁头是构件的末端，既令人注目，又具有随意处理的自由度，因此成为装饰美化的有利部位。所以，徐州传统民居的梁头的做法是将其做成云头造型来收尾，上面略加简单植物纹样雕刻，类似《营造法式》中昂的麻叶头或六分

---

① 雷德侯. 万物：中国艺术中的模件化和规模化生产[M]. 张总等，译. 北京：生活·读书·新知三联书店，2005：145.

② 由于在不带斗拱的建筑中，五架梁的长度约合 22 檐柱径，按檐柱径为 6 寸计算，5 架梁长为 4220 mm。这个跨度对于一般房屋空间已经够用，所需木料规格也不算过长而成为合宜的选择。三架梁的跨度作为中跨往往过短，七架梁的跨度，则所需木料过长，非特殊场合是不轻易用的。在中跨前后可以灵活地设置前轩、后双步、脊步及草架，柱网调度更为灵活。

头的造型。

(2) 金字梁结构

徐州传统民居中大部分建筑都采用金字梁结构(图 5-1D～I),它由叉手、大梁、二梁及站柱等构件组成,类似现代三角形结构。它是一种有地方特色的结构,不同于传统民居常用的抬梁式、穿斗式以及井干式。据王贵祥教授考证,梁架上运用叉手的最早形式在汉代建筑上发现其原型,实例则可以在建于唐代的五台山南禅寺的佛光殿梁架上见到(图 5-1J)。它结合斗拱的处理,并与横置的平梁恰好形成了一个稳定的三角形,巧妙地承担起了承托其上脊檩的功能。我们可以从汉画像砖的建筑图形知道,梁架结构到汉代已经基本形成了一个独立的体系。当时木构架建筑除了常用的抬梁式、穿斗式、井干式三种主要结构形式,还有叉手的梁架体系。叉手上用令拱替木承屋檐,下接月梁(梁身卷杀,梁头延伸成外跳华拱)。因此,结合徐州的传统文化及地域特征可以确定金字梁结构是汉代梁架的遗风。

金字梁架的檩搁置于叉手(实为两根交叉的斜木)之上,除了脊檩和檐檩外,不需要像抬梁式和穿斗式梁架那样檩条和立柱必需一一对应。由于金字梁的檩条一般沿叉手均匀分布,而且檩距较小而檩数较多,以加固屋顶结构。因此,金字梁具有节省材料并扩大空间的优点。金字梁的进深用檩条来确定,一般民居从五路檩条到十一路檩条都有,多为七路檩条和九路檩条,檩条的间距多为 300～800 mm。多数金字架的檩条为直身圆料,经过刨光上漆,檩径约为 130～160 mm。位于两边侧房的檩条,则需要将其根部方向朝向明间,这是徐州人讲究风水[①]的体现。而

---

① 风水是中国历史悠久的一门玄术,也称堪舆、青囊或青乌。其根本基础和核心思想依据来源于《易经》。《黄帝宅经》曰:"夫宅者,人之本。人以宅为家,居若安,即家代昌吉;若不安,即门族衰微……"。晋代郭璞所著的《葬书》:"气,乘风则散,界水则止;古人聚之使不散,行之使有止,故谓之风水。""风水之法,得水为上,藏风次之。"风水的核心思想是人与大自然的和谐,早期的风水主要关乎宫殿、住宅、村落、墓地的选址、座向、建设等方法及原则,是选择合适的地方的一门学问。《2004 年健康住宅技术要点》中明确指出:"住宅风水作为一种文化遗产,对人们的意识和行为有深远的影响。它既含有科学的成分,又含有迷信的成分。用辩证的观点来看待风水理论,正确理解住宅风水与现代居住理念的一致与矛盾,有利于吸取其精华,摒弃其糟粕,强调人与自然的和谐统一,关注居住与自然及环境的整体关系,丰富健康住宅的生态、文化和心理内涵。"中国古人早就将居住地的安危与家族昌盛与否划上联系。徐州传统民居的营造是较为讲究风水,讲究阴阳五行。从选择地基,确定宅门方向及院内每栋建筑的体量都需要按风水来进行。依据先天八卦,一般民居多把门开在东南角上,路南的住宅的大门开在西北角上。因为西北是乾卦,艮为山,东南是兑位,兑为泽,意味"山泽通气"。东北方向是震卦,震为雷,为次好方向。西南方向为巽卦,巽为风,是凶方,一般不开门,而设厕所于此。翰林府邸原为上下两院,为了弥补风水的不足而增建了客屋院。翟家院与郑家院的正房由于山势原因而选在兑位,而宅门则定在艮位上。余家院的西路院正房为坎位,大门则定在巽位上,符合"乾山巽水"的吉祥布局。按照风水术,大门方位为生,代表生气贪婪,属于吉位。如果限于客观条件,在风水不够理想时,则要想法破之。如余家中路后院,在院落的坤位开门,以通向西院。按照"坎五天生延绝祸六"的歌诀,坤位为绝,代表绝命破军,属凶位。为了破解凶位的不利影响,在后宅堂屋门外踏步西侧即院落的镇煞方位建造了房胆以辟邪。另外,院落排水采取顺山势自然排水的办法,坎位宅水走东南,其他环山而建的房屋,均是四水归堂,水走吉位,而厕所则建在凶位上。转引:孙统义. 户部山民居[M]. 徐州:中国矿业工业大学出版社,2010:50-51.

且,通常会在檩条下端的斜梁上使用木质垫块(俗称"樀子")防止檩条下滑,以起加固作用。如果没有合适的檩条时,也可以用数根小料并置,或者用未加工的小木棍充当檩条。檩条通常直接搁置在山墙上,被称为"硬山搁檩"。

在金字梁体系中,叉手和梁架构成三角形,从而使得很小木料就可以承受很大的重量。由于叉手和大梁的节点在柱与墙的中心线上,叉手梁侧推力中的竖向分力直接用于大横梁的支点(即柱顶或墙顶上),因而对大横梁的力矩为零。横梁实际不受压弯而只受轴向拉力,其地位和所需的用料均逊于叉手梁。因此,在徐州传统民居中出现"穷梁富叉手"的现象,即是叉手梁的断面要大于横梁的断面。不过出于视觉美观的需求,横梁截面一般多比叉手粗,而二梁及站柱的直径很小。叉手是金字梁中负荷屋面重量的主要构件,叉手下端开榫嵌入大梁的梁端,讲究的榫窝要位于墙或立柱的中心线上,便于叉手直接将重量压到墙或柱上。由于木柱包砌在墙内或置身于墙身内侧的梁下部位,在室内外完全看不到柱子,故称"墙暗柱",其直径多为 120～150 mm。在前廊后厦式建筑中,前廊柱和前后金柱显露在外,直径多为 180～200 mm。在窑湾传统民居中,金字梁还演变出几种变体形式(图5-1K):增加悬挑双步梁;增加廊柱承托双步梁;增加挑檐檩;金字梁中柱造。因此,徐州传统民居与其他地区民居不一样,无法做到"墙倒屋不倒"。

二、徐州传统民居建筑装饰的内部空间布局分析

由于内部空间的梁架既是结构性构件,又是装饰性构件(属于大木作)。而且,梁枋的用材大小决定了建筑形式与空间的四个方面:① 决定了屋顶的大小与坡度;② 决定了建筑内部空间的进深;③ 决定了内部空间的竖向高度;④ 决定了立柱的高度与用材大小。因此,梁枋不仅决定内部空间的大小,同时也影响了居者的心理空间,成为衡量传统建筑规模与等级的载体。由于内部空间的装饰构件主要为隔断要素——槅扇或花罩,顶隔要素——天花板,以及地面铺砖要素。而槅扇、天花板以及地面铺砖的尺寸均取决于房屋的进深、净宽与净高。因此,梁架尺寸决定了建筑内部空间的大小、装饰构件的尺寸以及家具的摆放位置、间距与数量。

(一)堂屋内部空间的建筑装饰布局分析

《释名·释宫室》:"堂,犹堂堂高显貌也。"从中可知,"堂"的最初意思是指建筑物的台基。而在《考工记》的"明政教之堂"中,"堂"则是指台基上的建筑物。再到《园冶全释》的"堂者,当也。谓当正向阳之屋,以取堂堂高显之义。"此时"堂"则是指正面向阳、高大、占据显耀位置的大屋。它与《辞海》中"古代宫室,前为堂,后为室"的"堂"的意义相同。在中国传统民居中,堂屋处于重要的地位,它是封建宗族

意识与礼制秩序寓于建筑中的外化空间载体；是一个家族或家庭的精神场所；是"奉天敬祖"、婚嫁行礼以及体现家长权威的场所。因而，它是任何其他建筑空间无法替代的空间场所。徐州传统堂屋采用金字梁结构，内部空间较小，从而限定了建筑装饰及家具的布局与数量，从而显得较为单调。各堂屋内部的建筑装饰差异性小，细微之别在于梁架的具体尺寸、隔断尺寸及家具数量。为此，通过对各堂屋内部空间建筑装饰的具体布局分析，来论证内部空间与建筑装饰之间是否存在相互限制、相互促进的耦合关系。

1. 官邸式堂屋内部空间的建筑装饰布局分析

翰林院堂屋(图 5-2A)为两层建筑，采用金字梁式结构。按建筑形制考虑，堂屋多为一层，很少为两层。这是由于中国传统观念认为，在祖宗的头顶不能住人或别的东西压顶，否则，这是对祖宗的不敬。而翰林院堂屋为两层，主要原因有两点：第一，翰林府邸内有大小祠堂以供祖宗牌位，无需放在此处。堂屋主要是举行婚嫁行礼，商议家族重要事情的场所而已，并不具有"祭祖奉天"的礼仪功能。因此，对它的要求没有像传统堂屋那般苛刻。第二，由于地势因素所致，如果堂屋为一层，会使得它低于院内许多建筑，而无法凸显其重要性。因此，将它设计成两层有助于突出其主体地位。翰林院堂屋虽为两层，但一层的内部空间不大，进深为 4650 mm，净宽为 7780 mm，净高为 3350 mm。堂屋为三开间，当心间为接人待物的空间，左右以槅扇分开分别为卧室与书房。由于梁架的间距为 3380 mm，因此当心间空间为 4650 mm×3350×3380 mm，左右次间空间为 4650 mm×3350 mm×2200 mm。当心间的北面墙壁(入口对面的墙壁)没有做成徽州与江南地区的"太师壁"形式，而是白石灰抹墙。其形式简朴，这与空间的进深小以及崔家节俭内敛的性格有关。墙壁中间悬挂梅花图画、对联与字匾。图画正下方为条几、八仙桌以及太师椅。在距离八仙桌前方 500 mm 的左右空间，分别安置了一列 2 张木椅，并相距 1700 mm，形成了中轴对称形式，突出"太师壁"的中心位置，形成一种礼教式格局。这组由字匾、图画、条几与太师椅所组合而成的空间布局形式，营造出庄重与严肃的精神氛围。

东西两开间均采用尺寸为 4650 mm×3350 mm 槅扇与当心间隔开，而没有采用雕刻精美的花罩形式。花罩是一种利用通透的木雕图案，在高度与宽度上作适当分割空间，形成一种门洞的形式感的建筑装饰构件。由于花罩的尺寸原因，它是一种空间上并没有完全阻隔的隔断，只不过是形成视觉上的区域划分。由于左右次间为仆人(或家人)等候以及平时兼做书房的空间。因此，如果采用花罩则没有起到较好的分割效果。由于槅扇的裙板为实木，上部为通透的格子，因此槅扇的分割效果比花罩要好。它既能给人一种似隔非隔、半开半合的意境，又能增加室内精致典雅的高贵情趣，丰富空间的层次感。

顶隔没有采用高级的藻井、卷棚或彩画天花形式，而是采用一般的原木隔断。仔细分析，主要原因有二：① 官方不允许使用。藻井、卷棚或彩画天花形式是官方

A. 翰林楼

B. 余家堂屋

C. 翟家堂屋

D. 郑家堂屋

E. 酱香院堂屋

图5-2　徐州传统民居堂屋内部空间建筑装饰布局

建筑、寺庙与祠堂才能使用的高级顶隔形式,一般民居不得使用。② 高级顶隔的制作成本高。由于堂屋居于内院,外人并不会知道堂屋采用何种顶隔形式,因此内敛的崔家人不会浪费财力去采用藻井、卷棚或彩画天花形式。

　　室内铺地的形式对形成人们的视觉感受也非常重要。据研究发现,许多学者往往容易忽视室内铺装,认为其不属于建筑装饰。根据《营造方式》的相关规定,铺地属于砖作。经分析,徐州传统民居的室内铺装主要有两种:① 罗底砖地面。这是级别最高的地面做法,是一种做工考究的大方砖,平面尺寸有 300 mm 见方和 450 mm 见方。它有正铺和 45°斜铺法,均磨砖对缝,以糯米汁补缝。② 条砖地面。条砖直接铺在夯实土基之上,较考究的还在土基上铺上一层细砂。室内条砖以大面积平铺,很少仄砌。主要铺法有八字锦、断字锦、十字缝及人字纹和席纹。而翰林院堂屋的室内地面采用级别最高的罗底砖地面,每块砖 300 mm² 左右,做工考究的采用 45°斜铺法,磨砖对缝、以糯米汁补缝,形成了规整的美丽图案。

2. 普通堂屋内部空间的建筑装饰布局分析

余家、翟家、刘家、苏家、魏家与吴家的堂屋(图 5-2B～E),在形制与内部装饰的布局上极为相似。它们均为一层,采用金字梁架,是家中最长者居住房屋。由于没有专门的祠堂以供祖宗牌位,堂屋是家中"敬天奉祖"、商议族中大事以及婚嫁的场所。虽然贵为堂屋,按理需要采用抬梁式梁架,但它们均采用金字梁架,折射出商家节俭的作风。

据测绘,余家堂屋内部空间较大,进深为 4272 mm,净宽为 8800 mm,净高为 5528 mm(柱高 3525 mm);一组梁架的间距为 3500 mm。堂屋为三开间,当心间为接人待物的空间,左右以槅扇分开,分别为卧室与书房。当心间为 4272 mm×3500 mm×5528 mm,次间为 4272 mm×2650 mm×5528 mm。

翟家堂屋内部空间进深为 4020 mm,净宽为 8600 mm,净高为 5538 mm;一组梁架的间距为 3300 mm。当心间为 4272 mm×3300 mm×5538 mm,次间为 4272 mm×2650 mm×5538 mm。

刘家堂屋内部空间进深为 4220 mm,净宽为 7500 mm,净高为 5028 mm;一组梁架的间距为 3340 mm。当心间为 4220 mm×3340 mm×5028 mm,次间为 4220 mm×2850 mm×5028 mm。

苏家堂屋内部空间进深为 4420 mm,净宽为 9100 mm,净高为 5710 mm;一组梁架的间距为 3140 mm。当心间为 4420 mm×3140 mm×5710 mm,次间为 4420 mm×2550 mm×5710 mm。

魏家堂屋内部空间进深为 4312 mm,净宽为 8780 mm,净高为 5812 m;一组梁架的间距为 3340 mm。当心间的进深为 4312 mm×5812 mm×3340 mm,次间为 4312 mm×5812 mm×2750 mm。

吴家堂屋采用金字梁架,内部空间较大,进深为 4068 mm,净宽为 8710 mm,净高为 5497 mm。当心间梁架的间距为 3210 mm。当心间为接人待物的空间,左右以槅扇分开,分别为卧室与书房。三部分的空间分别为 4068 mm×3210 mm×5497 mm,4068 mm×2750 mm×5497 mm,4068 mm×2750 mm×5497 mm。

这些堂屋当心间的北面墙壁为白石灰抹墙(吴家当心间的太师壁是木板壁),中间悬挂山水图画与对联,祭祖之时换上祖宗画像。图画下面为条几、八仙桌以及太师椅。条几上的中间放置观音像与座钟,左面摆放花瓶,右面摆放镜子,寓意"终身平静"。距离八仙桌前方约 500 mm 的空间中,左右分别安置一列 2 张木椅,并相距 2000 mm,形成中轴对称,突出条几、八仙桌以及太师椅的中心位置,营造出庄重与严肃的精神氛围。东西两开间均采用尺寸为 3518 mm×3525 mm×60 mm 左右的木板壁与当心间隔开,而没有采用高级别的槅扇或者花罩,这是出于三点原因:① 虽然槅扇与花罩是室内装饰中最常见的一种隔断,并能增加室内精致典雅的高贵情趣,丰富空间的层次感,给人一种似隔非隔,半开半合的意境。但是由于材料多为檀木、楠木、杉木,制作成本高,一般民居不易制作。② 槅扇或花罩作为室内隔断,通常位于两种功能不完全相同,但又有一定联系的区域之间,以优化空间的流动感,是集分隔空间、联系空间、装饰空间为一体的室内装饰构件。但堂屋是严肃的场所,而其左右的居室空间是隐秘的场所,两者功能不同。③ 以木板壁作隔断可以起到较好的保温效果。鉴于上述因素,堂屋内部不使用花罩或槅扇,而改为木板壁作为隔断。

顶隔没有采用高级隔断或木隔断,而是采用梁架直接露出的形式——彻上明造,即把梁架直接暴露在外而不设隔断,只是对梁架作艺术或保护处理。原因有三点:① 高级顶隔的制作成本高,位于内院的堂屋不似客厅一样需要向外人展示财富,因而没有必要制作奢华的顶隔;② 作顶隔的一个重要原因是为了保温,而这些堂屋的内部空间不大,四面均为实墙,保温效果好而不必做顶隔;③ 由于南方湿度大,为保持屋顶架构的干燥通风,避免朽坏而没有采用顶隔。

室内铺地采用大面积条砖铺地,形成了规整的美丽图案。

3. 小结

综上分析可知,徐州传统民居的堂屋是家中"敬天奉祖"商议家族大事以及婚嫁的场所。堂屋采用金字梁架,内部空间较狭窄。当心间的太师壁为白石灰抹墙或木板壁。中间悬挂山水图画与对联。图画下面为条几、八仙桌以及太师椅。条几上左面摆放钟,右面摆放花瓶,是"终身平静"的吉祥寓意。距离八仙桌 500 mm 前方空间中,左右分别安置 1~2 列 2 张木椅,并相距 1600~1800 mm,形成中轴对称,突出太师壁的中心位置,营造出庄重与严肃的精神氛围。左右次间多采用木板壁或槅扇进行空间分割。顶隔多采用梁架直接露出的形式。室内铺地采用条砖地面,形成了美丽图案。

(二) 客厅内部空间的建筑装饰布局分析

在规模较大的多进宅院中,客厅是家族或家庭的社会地位与财富实力的展示馆。徐州户部山传统民居的客厅均采用立字梁,内部空间相对较大。朝向庭院的立面为全槅槅扇或半槅槅扇。后立面完全封闭,或只开一扇侧门以通往内院。窑湾古镇传统民居的客厅多为两层,采用金字梁结构,内部空间相对狭小。

1. 官邸式客厅内部空间的建筑装饰布局分析

翰林院西花厅(图5-3A～C)的建筑装饰布局与徽州厅堂的布局相似。廊式建筑,七架抬梁,三开间。大厅后廊为深一步架的"双步"(尺寸为950 mm),是仆人等候及过道空间(相比较,徽州、苏州以及扬州的传统堂屋的太师壁,其后面为上到二楼的楼梯及通向后院的通道。大厅的檐下檩枋之间垫板做精美雕刻装饰,金枋间全部安装槅扇门,使得正面现代、玲珑与精致)。而西花厅的中间太师壁为大尺寸的木隔断,两边未作精致的可开启的门而是通道。太师壁上部中间为道光皇帝题"清正爱民"字匾,字匾下为大尺寸花鸟画。画下面安置了摆放"东瓶(平)西镜(静)"的条几、八仙桌和太师椅;在距离八仙桌500 mm的前方,左右两侧空间各摆放两张太师椅。当心间与次间之间未作任何隔断。两侧墙面分布悬挂四副尺寸较小的字画,字画下分布摆放一条几以摆设装饰物。西墙左边为林则徐所赠"高风亮节"字匾,西墙右边为徐州状元李蟠题"书香门第"字匾。

东西两开间均没有采用槅扇,或者花罩进行空间分割。虽然槅扇或花罩能增加室内空间的精致典雅的高贵情趣,丰富空间的层次感,但同时也会压缩空间,而宽大的空间容易给人一种阔绰奢侈的感觉。因此,此处若用槅扇或花罩进行空间分割则会起到"画蛇添足"作用。同样,顶隔没有采用藻井、卷棚或彩画天花板的形式,而是采用"彻上明造"的做法。其优点是可以保持梁架处于通风干爽的环境中而不会腐化。同时,层层叠叠向上延伸的梁架之间会留有较大的空隙,透过空隙处的光影会让人感觉不到屋顶的压迫感。梁架上构件如梁柁、雀替、驼峰等一般都雕刻成卷云、奔浪与卷草的造型,而且作了丰富的彩饰,使得原本显得较为沉重部分似乎也变得轻盈起来,整个空间给人的压迫感也随之减弱。但"彻上明造"的缺点是梁枋容易落灰,不易打扫。正面为全槛槅扇门,光线充足,形成高大宽阔且明亮的大厅,使人觉得开朗舒畅。由于檐口至槅扇之间形成三个半虚空层面,使得室内外空间有一种柔顺的过渡,加强了建筑内部空间与庭院空间的联系,丰富了建筑空间形式,增加了建筑的内向属性。檐下原有崔忻自题匾额"山上人家"。两檐柱有"庭余香郑兰谢草燕桂树,家无常物唐诗晋字汉文章"的对联。槅扇的棂心处为步步锦,长空档处嵌入植物雕花垫木,既增加了长棂的稳定性,又增添了装饰性、趣味性。整个棂心,既不粗略,也不繁杂,雅致大方。裙板上刻有18种花瓶,外围为金色拐子龙框,顶部的抹头为透雕植物雕花,抹头为浅雕植物纹。

位于头顶的抬梁彩饰丰富,是客厅内部建筑装饰的重点。其月梁头绘天大青色,凹处为朱红油地,灵芝纹,卷草青色,中间茎沥粉贴金箔,叶绿色。雀替的凹处为朱红油地枝叶绿色,青色牡丹花头,勒黄白粉叶筋线。脊瓜柱为十字编织锦文,烟琢墨掭退,上下绘回纹箍头。而且,前廊船篷轩的月梁也进行了复杂的彩绘——梁身绘天大青色,凹处朱红油地,青色牡丹花头,卷草青色,中间茎沥粉贴金箔,叶绿色。月梁大边绘天大青色,行白粉,内朱红油地,绿色芭蕉树,朱红色松树干,松

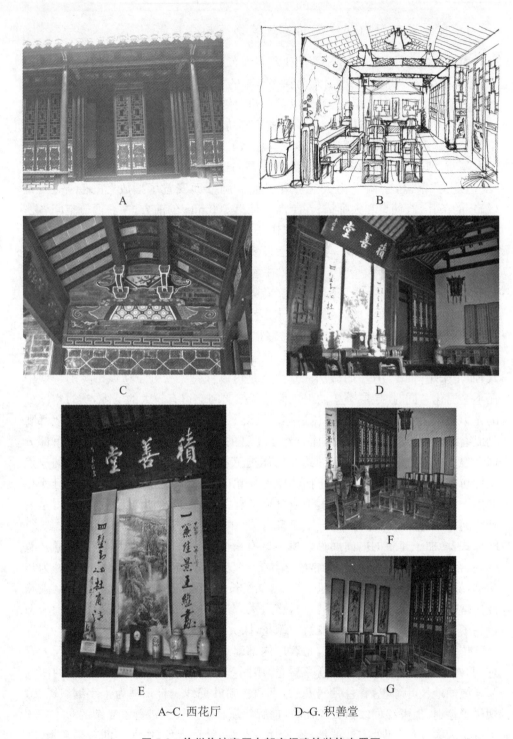

A~C.西花厅   D~G.积善堂

图5-3 徐州传统客厅内部空间建筑装饰布置图

针绿色;斗拱描金边,大斗与小斗为浅香色地,拱为青色,轮廓线行白粉。雀替的凹处朱红油地,青色花头,绿色叶茎,花托为青色,线贴金箔。由此可见,西花厅的装饰等级高,奢侈而富贵。

面对如此精美的雕梁彩画,笔者不禁纳闷:位于视线高处的抬梁与月梁为何需要如此精美? 经过一番查询与求证,笔者终于在巫鸿教授的《中国古代艺术与建筑的"纪念碑性"》著作找到了相似原因:一则是展示财富及品味的需要;二则是为了展现建筑装饰所具有的伦理道德,以及对居者心理空间的暗示作用。正如中国古代佛教石窟与墓穴中的精美壁画,以其位置与照明条件而言,根本无法仔细欣赏。但是它们依旧精美,匠师们毫无怠慢之心,原因是设置它们的根本目的并不是为了人们的欣赏,而是封建礼制对伦理道德和居者心理空间的呼应。处于装饰精美的空间之中,人们心理会得到某种满足而精神愉悦。同理,居于梁饰精美的空间下,主人会产生自豪感,而来宾则会不由产生羡慕之情。

室内地面采用级别最高的罗底砖地面,做工考究,采用45°斜铺法,磨砖对缝法,形成了美丽图案。

2. 普通客厅内部空间的建筑装饰布局分析

积善堂(图5-3D～G)的建筑装饰与徽州厅堂的装饰极为相似,只是将祖宗画像改为山水画或花鸟画,以彰显主人的文化品位。太师壁上方高悬的匾额上书写着端正的"积善堂",匾额下面正中为山水画,左右为"一箪佳景王维画,四壁青山杜甫诗"对联,暗示着前厅在整座建筑的中心位置。太师壁前的正中间端放着条几、八仙桌和太师椅,两侧各摆放1列3张太师椅,两侧墙壁挂着名人字画;条几东面为花瓶,西面为镜子,中间为时钟,寓意"终身平静",与徽州传统厅堂的家具布局相同。太师壁为实木板壁,两边安装槅扇门,使得正面显得玲珑与精致。两侧山墙面悬挂了名人字画,下面为几张木椅。整体布局符合李渔的"厅堂不宜太素,亦忌太华。名人尺幅,自不可少。但需浓淡得宜,错综有秩"的厅堂设计宗旨。当心间与次间之间的分割形式与翰林院西花厅一样,没有采用雕刻精美的槅扇、花罩或者木板壁进行空间分割,故而扩大了室内的心理空间。顶隔没有采用藻井或彩画天花,而是采用"彻上明造"的做法,把梁架暴露在外。客厅的正面为全樘槅扇门,光线充足,形成高大宽阔且明亮的大厅,使人觉得开朗舒畅。室内地面采用做工考究的罗底砖地面,形成了美丽图案。外廊的立柱上有"向阳门第春常在,积善人家庆有余"的楹联,点名了堂号的主题,强化了建筑空间的意境,达到了"象外之意"的作用。如此的内部空间建筑装饰布置和家具的摆放,显示出主人亦儒亦贾的追求。

瞿家、郑家、苏家、刘家、魏家的客厅的建筑装饰与余家积善堂的装饰相似,太师壁中间同样悬挂山水画或花鸟画,以彰显主人的文化品位。画下端放着条几、八仙桌和太师椅,两侧各摆放3张太师椅,只是条几上面放着4只花瓶,寓意"四季平安",这与余家客厅的"东瓶西镜,中间为时钟"的布局形式略有不同。当心间与次间之间没有采用雕刻精美的槅扇、花罩或者木板壁进行分割空间,其目的同样是扩大居于室内的人的心理空间。

窑湾传统民居的客厅与商品展示区结合在一起,为两层建筑,采用金字梁,空间较为狭窄。一层客厅的建筑装饰与户部山传统客厅相似。太师壁上悬挂山水画与对联,画下端放着条几、八仙桌和太师椅,两侧各摆放 1 列 2~3 张太师椅,两侧墙壁挂着花鸟画。条几上摆放寓意"终身平静"的器物。东西两开间均没有采用槅扇或木板壁进行空间分割。顶隔采用木隔顶,而非藻井或彩画天花。正是由于顶隔的存在,客厅采用金字梁架,而没有采用抬梁。正面为青砖墙体而没有采用全樘槅扇或槛窗,光线不足,无法形成宽阔而明亮的大厅而使人觉得较为压抑。室内地面采用级别较低的条砖地面,但做工精细,采用磨砖对缝,形成了美丽图案。

3. 小结

徐州传统民居的客厅建筑装饰与徽州厅堂的装饰极为相似,只是将祖宗画像改为山水画或花鸟画,以彰显主人的文化品位。太师壁上方高悬的匾额上书写着端正的字匾,匾额下面正中为山水画与对联,暗示着前厅在整座建筑的中心位置。太师壁前的正中间端放着条几、八仙桌和太师椅,两侧各摆放 2~3 张太师椅,两侧墙壁挂着花鸟画;条几上摆放着寓意"终身平静"或"四季平安"的器玩。如此的内部空间布置,显示了主人亦儒亦贾的追求。太师壁的中间为木板壁,两边各开 1 扇小门通往后院。少数客厅后部置深一步架的"双步"作为通道。

三、徐州传统民居建筑装饰的空间尺度分析

由于徐州传统民居的堂屋均采用金字梁结构,少数客厅采用立字梁结构,因此本节重点分析堂屋与客厅内部空间中梁架与各类建筑装饰之间的关系,以及梁架自身比例与内部空间尺度关系。

(一)堂屋内部空间的建筑装饰尺度分析

据实地调研分析,翰林院堂屋与酱香院堂屋同为两层,其余堂屋均为一层。具体测绘数据如表 5-1 所示。

经过表 5-1 数据分析可知,各家堂屋梁架的进深为 4020~4272 mm,梁架的间距为 2850~3500 mm,正好限定了当心间的平面形状。4020~4272 mm 的进深距离,使得室内在纵向空间里只能安置 1 具条几(400 mm),1 张八仙桌(1200 mm)以及 3 张太师椅(3×800 mm)。同时,梁架的间距为 2850~3500 mm,左右槅扇或木

板壁正是依据梁架间距进行分割,使得当心间的空间显得较为狭窄,从而使得两边的太师椅也只能排一列的布局。而且,两列太师椅之间距离为 1200～1700 mm,是一个适宜的距离,既不会由于太远而显得疏忽,也不会由于太过靠近而显得别扭。由此可见,梁架的进深限定了家具的数量。柱高多位于 3500～3700 mm 之间,从而决定了内部空间的梁下空间的高度,也限定了槅扇的高度。柱高与梁架尺寸(进深)限定了槅扇的尺寸,因此槅扇的尺寸多为(3500～3700) mm×50 mm×(4020～4272) mm,每边各 6～8 扇。

　　空间的存在是与人的视觉感知紧密相连的,空间的形状、大小、方向、开敞或封闭,明亮或黑暗,都可以对人的情绪产生直接的作用:宽阔高大且明亮的空间会使人觉得开朗舒畅;虽广阔但低压且昏暗的空间则会使人感到压抑沉闷甚至恐惧。为此,一般供居住所用的室内空间都不应过大,尺度适宜的空间会使人感到温馨、亲切。早在秦汉时期,人们就注重对室内空间的尺度要求,认为室内空间需要阴阳和谐,以适合人的尺度为准,大体量的建筑物则是对这种和谐关系的破坏。这些观点在众多的历史文献资料中可以查询。例如,《吕氏春秋》记载:"室大则多阴,台高则多阳,多阴则撅,多阳则疾……"。由此可见,古人认为居住在又高又空且阴暗潮湿的室内空间,人就会萎靡不振;如果人居住在又高又空且阳光太过充足的室内空间,则会生病。因此,室内空间既不能狭小,也不能过大,只有当空间的大小与人的动作尺度相符合时,人在心理上才会感到舒适。徐州传统民居的当心间的空间体量多位于 4020 mm×3300 mm×5528 mm 与 4272 mm×3500 mm×5673 mm 之间,空间高而窄,使人觉得较为压抑,从而产生严肃庄重之感,恰好符合堂屋的空间氛围。而左右两边空间多为 4020 mm×2550 mm×5528 mm 与 4272 mm×2850 mm×5673 mm 之间,虽然略显狭窄,但是作为休息与看书的空间已足矣。

表 5-1　徐州传统民居堂屋金字梁测绘数据　　　　　(单位:mm)

名称	大梁	二梁	叉手	步架	步举	整组梁架 (深、高)	立柱 (径、高)	檩条 (直径)	材 (厚、宽)
崔家堂屋	4750	3000	3750	750	650	4700、2370	160、5720	70	150、110
酱香堂屋	4610	3920	4650	730	630	4560、2190	165、5570	65	125、102
余家堂屋	4472	2136	2848	712	502	4272、2008	160、3560	65	135、102
翟家堂屋	4020	2680	3350	670	505	4020、2020	170、3520	70	130、105
郑家堂屋	4110	2728	3410	682	525	4092、2625	165、3573	70	132、105
魏家堂屋	4521	2872	3590	718	512	4308、1836	183、3720	70	125、93
苏家堂屋	4428	2680	3400	720	512	4328、1869	163、3500	65	132、102
刘家堂屋	4510	2860	3575	715	512	4290、1763	165、3650	65	128、98
吴家堂屋	4200	2712	3390	678	515	4068、1745	165、3702	70	135、103

续表

名称	大梁	二梁	叉手	步架	步举	整组梁架 (深、高)	立柱 (径、高)	檩条 (直径)	材 (厚、宽)
民俗堂屋	4310	2842	3552	710	520	4260、1860	160、3700	75	120、95
蒋家堂屋	4315	2840	3552	712	520	4260、1860	150、3700	70	135、105
颜家堂屋	4280	2820	3525	705	521	4230、1863	150、3750	70	125、102

通过表 5-1 数据的分析,可以得出如下结论:

① 取平均数值,金字梁的大梁尺寸为 4310 mm,二梁尺寸为 2837 mm,叉手尺寸为 3549 mm,步架尺寸为 709 mm,步举尺寸为 482 mm,整体梁架数据为 4360 mm×2837 mm×135 mm;立柱直径为 165 mm,高为 3638 mm;檩条直径为 68 mm;大梁的厚为 130 mm,宽为 93 mm,宽厚比约为 3∶2,符合力学最优值。

② 由于徐州传统民居的堂屋采用金字梁结构,因而内部空间采用"一明两暗"式开间,空间进深较小,多为 4020～4272mm 之间,而宽度主要根据地势而定。

③ 通过上述分析,从而论证了梁架尺寸限定了槅扇尺寸、顶隔尺寸及地铺尺寸,甚至限定了家具的数量。

(二)客厅内部空间的建筑装饰的尺度分析

由于户部山传统民居的客厅采用立字梁结构,窑湾古镇内传统民居的客厅均采用金字梁结构且多为两层形式,因此采用分类研究法分析客厅中建筑装饰的空间尺度。

1. 立字梁客厅内部的建筑装饰尺度分析

户部山传统民居客厅采用立字梁结构,其测绘数据如表 5-2 所示。

表 5-2　徐州传统民居客厅立字梁测绘数据　　　　　　　(单位:mm)

名称	七架梁	五架梁	三架梁	顶步	步架	步举	整组梁架 (深、高)	船篷轩	立柱 (径、高)	材 (厚、宽)
崔客厅	4828	3352	1876	1000	738	512	4828、2325	1670	180、3765	250、160
积善堂	4080	2720	1360	680	680	502	4080、2156	1180	170、3650	245、152
翟客厅	4340	3100	1860	620	620	508	4340、2154	1240	180、3730	240、150
郑客厅	0	2860	2136	715	715	530	2860、1590	820	180、3820	240、150
魏客厅	3780	2720	1460	630	630	510	3780、2160	1100	180、4680	242、146
苏客厅	3890	2660	1460	615	615	508	4910、2154	1220	180、4550	245、148
刘客厅	0	3016	1608	704	704	525	1590、1060	820	175、3880	239、148

（1）崔家西客厅内部的建筑装饰尺度分析

从上述数据中可知,西客厅虽然装饰精美但梁架的尺寸略小。按照其进深,需要采用九架形式,但是如此会违规。为此,采用前轩后廊的方式来扩大空间。虽然一栋建筑的增长可以通过加大柱距来完成,架间跨度增大会使得建筑中的每个构件的大小也随之改变。因而,不能永远无止境地增大下去。事实上,每个构件成比例的增长而常带来整个建筑体量增长但只能达到某种一定程度,如果继续下去,更多构件就需要被添加进来以支持整个放大的系统。因此,在抬梁中加入了轩梁,以适应不同空间的需求。西客厅的船篷轩①的进深为 1670 mm,高 1200 mm,距离水平地面 3015 mm,其形成较低矮的灰空间。边上有栏杆靠椅,以供休息等候之用。

客厅中间部分有两组彩饰抬梁,进深 4428 mm,宽 3560 mm,距离水平地面 3985 mm,从而形成大空间。梁架虽然较大但较为纤细,无形中减弱了梁架的笨重感。层层递进,加上精美的彩画装饰,梁架显得更为轻盈,富贵华丽,增加了正厅的等级。后面为进深 950 mm,距离水平地面 4015 mm 的空间,其为仆人端茶递水的通道,虽然只起到通道的作用,但无形之中压缩了待客空间,使得待客空间不至于显得过大、过空。建筑整体阔度为 10640 mm,分成三部分,中间阔为 3560 mm,两边阔为 4400 mm。中间梁架的间距为 3560 mm,正好限定了当心间的平面形状。金柱与檐柱距离为 3100 mm,限定了次间的平面形状。梁架的进深为 4429 mm,使得室内在纵向空间里能布下 1 具条几、1 张八仙桌以及 4 张太师椅的数量。因此,梁架的进深尺寸限定了内部空间中可容纳的家具数量。中间梁架的间距为 3560 mm,左右没有使用任何隔断对空间进行分割,因而使得当心间与次间连在一起,加上 3985 mm 的高度,大体量的空间会让居于室内的人们觉得压抑,但精美的梁雕和精致的家具摆设缓解了这种压抑感,使得处于室内的人在心理上感到舒适。

（2）积善堂内部的建筑装饰尺度分析

积善堂的梁架尺寸比西花厅的梁架尺寸要略微小些,采用七架梁。为了追求大体量而采用前后廊的形式以扩大空间。正面为全槅椇扇门,光线充足,形成高大明亮的大厅,使人觉得开朗舒畅。正面的走廊有四组雕花船篷轩,其进深为 1180 mm,高 820 mm,距离水平地面 3010 mm,其形成较低矮的灰空间,加强了与室外空间的交融。边上没有栏杆靠椅供以休息等候。积善堂梁架的进深为 4080 mm,梁架的间距为 2820 mm,限定了当心间的平面形状。4429 mm 的距离,使得室内在纵向空间里能布置下 1 具条几、1 张八仙桌以及 3 张太师椅。在横向空间中,梁架的间距为 2820 mm,显得较为狭窄。但是,左右没有隔断,因此没有狭窄感。如此空间可以容下 3~4 列家具。如果采用书架或博古架、屏风进行空间的分

---

① 西客厅的轩廊采用南方船篷轩的造型,但与苏扬传统民居的船篷轩结构及形式存在一定区别:苏扬传统民居的船篷轩的月梁为直梁,大柁的左右端角有雀替衔接柱子,瓜柱没有装饰;徐州传统民居的船篷轩要稍微复杂些,其月梁为虹梁形式,上面可绘苏式彩画。

割,虽然增加了空间的多样性,提高了空间使用率,同时也压缩了当心间的空间,使得居于室内的人感觉到压抑,减弱了富贵感。

(3) 翟家客厅内部的建筑装饰尺度分析

翟家客厅正面的走廊没有采用船篷轩,而是一步架的梁架,进深 1240 mm,距离水平地面 3220 mm,其形成较低矮的灰空间。边上也没有栏杆靠椅以供休息等候之用。中间的待客部分有一组抬梁,整组梁架高 2154 mm,宽 4340 mm,厚 120 mm,距离水平地面 3850 mm,从而形成大空间。梁架虽然较大但较为纤细,无形中减弱了梁架的笨重感。层层递进,梁架显得更为轻盈、富丽,增加了正厅的等级。后廊进深 950 mm,为仆人端茶递水的通道,虽然只起到通道的作用,但无形之中压缩了待客的空间,使得待客空间不至于过大、过空。梁架的进深为 3720 mm,梁架的间距为 2810 mm,正好限定了当心间的平面形状。4429 mm 的距离,使室内在纵向空间里能布下 1 具条几、1 张八仙桌以及 2 张太师椅。因此,梁架的进深尺寸限定了内部空间中可以容纳的家具的数量。而梁架的间距为 2810 mm,左右没有依据梁架进行分割,使得两边的太师椅后的空间很大,可以容下 2~3 列家具。同时,梁架下 3850 mm 的高度,不会让居于室内的人觉得压抑。

(4) 其他客厅内部的建筑装饰尺度分析

郑家、魏家、刘家及苏家的客厅虽然采用抬梁形式,但是当心间的太师壁后没有做槅扇或留出仆人等候空间,而是白石灰墙壁。因此,它们的梁架与崔家西花厅、积善堂及翟家客厅的梁架数据有所不同。它们均采用前廊的形式以扩大空间,形成灰空间,加强与室外空间的交融。正面的走廊为一步架的梁架,进深为 1240 mm,距离水平地面 3220 mm,其形成较低矮的灰空间。边上也没有栏杆靠椅以供休息等候之用。中间的待客部分有一组抬梁,整组梁架距离地面为 3380~4050 mm,从而形成大空间。梁架虽然较大但较为纤细,无形中减弱了梁架的笨重感。梁架的进深为 2860~3500 mm,梁架的间距为 2780~3500 mm,正好限定了当心间的平面形状。2860~3500 mm 的距离,使得室内在纵向空间里能布下一具条几、一张八仙桌以及一张太师椅。因此,梁架的进深尺寸限定了空间内可布家具的数量。而梁架的间距为 2810 mm,左右没有依据梁架进行分割,使得两边的太师椅后的空间很大,可以容下 2~3 列家具。同时,梁架下 3380~4050 mm 的高度,不会让居于室内的人觉得压抑。

通过对表 5-2 数据的分析,可以得出如下结论:

① 取平均数值,立字梁的七架梁尺寸为 4184 mm,五架梁尺寸为 2918 mm,三架梁尺寸为 1680 mm,顶步尺寸为 709 mm,步架尺寸为 671 mm,步举尺寸为 514 mm;立柱直径为 178 mm,高为 4010 mm;整体梁架数据为 4184 mm×1943 mm ×243 mm,船篷轩进深为 1033 mm;各梁的厚为 243 mm,宽为 151 mm,宽厚比约为 3∶2,符合力学最优值。

② 由于徐州户部山传统民居的客厅采用立字梁结构,内部空间开敞,由于存

在前廊的原因,因此空间进深较大,多为 5373~5943 mm 之间,而宽度主要根据地势而定。

③ 通过上述分析,从而论证了梁架尺寸限定了槅扇尺寸、顶隔尺寸及地铺尺寸,甚至限定了家具的数量。

(2) 金字梁客厅内部的建筑装饰尺度分析

窑湾古镇的客厅则采用金字梁架形式,具体测绘数据如表 5-3 所示。

表 5-3　徐州传统民居客厅金字梁测绘数据　　（单位:mm）

名称	大梁	二梁	叉手	步架	步举	整组梁架 (深、高)	立柱 (径、高)	檩条 (直径)	材 (厚、宽)
吴家客厅	4530	3410	4260	850	775	4510、2720	180、5870	70	130、108
酱香院客厅	4570	3440	4160	720	625	4290、2810	165、3570	65	130、102
蒋家客厅	4560	2820	3540	720	625	4510、1980	165、5420	68	130、105
颜家客厅	4570	2860	3585	725	620	4520、2170	172、5570	68	130、105
民俗馆客厅	4350	2860	3575	715	615	4290、2145	160、3750	65	120、95

吴家客厅、颜家客厅及酱香院客厅的金字梁均较为纤细,无形中减弱了梁架的笨重感。吴家客厅梁架的进深为 4510 mm,梁架的间距为 3005 mm,正好限定了当心间的平面形状。颜家客厅梁架的进深为 4520 mm,梁架的间距为 3100 mm,限定了当心间的平面形状。酱香院客厅进深为 4290 mm,梁架的间距为 2900 mm,正好限定了当心间的平面形状。在纵深空间上,2900~3100 mm 的距离使得室内在纵向空间里能布下 1 具条几、1 张八仙桌以及 1 张太师椅。因此,梁架的进深尺寸限定了空间内可布家具的数量。同时,梁架下 3380~4050 mm 的高度,不会让居于室内的人觉得压抑。

通过对表 5-3 数据的分析,可以得出如下结论:

① 取平均数值,金字梁的大梁尺寸为 4516 mm,二梁尺寸为 3078 mm,叉手尺寸为 3824 mm,步架尺寸为 746 mm,步举尺寸为 652 mm,整体梁架数据为 4516 mm×2365 mm×128 mm;立柱直径为 168 mm,高为 4836 mm;檩条直径为 67 mm;大梁的厚为 128 mm,宽为 103 mm,宽厚比接近为 3∶2,符合力学最优值。

② 采用金字梁结构的客厅内部空间采用"一明两暗"式开间,空间进深较小,位于 4350~4570 mm 之间,而宽度主要根据地势而定。

③ 通过上述分析,从而论证了梁架尺寸限定了槅扇尺寸、顶隔尺寸及地铺尺寸,甚至限定了家具的数量。

（三）梁架的空间尺度分析

众所周知,中国古代建造师不用专门的施工设计图纸,除了基本的地盘图或草架侧样图外,主要是靠工匠师徒相传、口传成碑的法式与法规。因此,在一个时期内,匠师们中间总是存在着一些对于不同开间建筑物的各个部分之间尺寸关系的量的规定。而这些量的规定之中包含了建筑内部平面与立面的基本比例的主要数量关系。内部空间的大小与梁架的尺寸息息相关。步架与步举之间的比例影响了梁架的尺度,从而影响了建筑的进深与屋顶坡度。同时,梁架的进深与立柱的高度共同决定了内部空间的体量。其中,梁架的进深尺寸与梁架的间距(当心间的宽度)之比,确定了当心间的底面形式;柱高与梁架的间距之比,确定了当心间的立面形式;屋身高与宽之比,确定了屋身立面的形式。

同时,传统建筑构件的尺寸都以"材"来决定,"材"的数值根据建筑物的类型来划分等级,从而显示出古代"模数制"已经具有极为细致和科学的内容。"材"的等级的选择是根据建筑物类型的不同以及间数的多少而决定的,原因在于不同类型的建筑物在构造上有不同的规定,从而在结构力学上就会产生不同的自重。至于间数的增加之所以选用较高的"材"级的目的就是取得较大的"分值",分值的增大同时意味着"间距"的增大。这是基于力学要求而分"材"级,它们当中存在着一种极为紧密的力学关系。材的等级由建筑物的大小规模而决定,不同等级的材推算出不同大小的构件,不同大小的构件决定每一部分的尺度,由此一直演绎出整座建筑物所有的"绳墨之宜"。因此,建筑物无论大小,它们在外形上的权衡总是一致的,互相之间永远存在着因"材"而产生的一种基本比例关系[①]。

1. 金字梁的空间尺度分析

由于金字梁的结构与立字梁及穿斗梁的结构均不一样,因此,金字梁的尺寸与"材"值也存在一定的变数。为此,本节主要分析金字梁的具体尺寸以及它与开间之间的比例关系,确定比较理想的比例规律,并运用数学方法描述这些规律。由于同为徐州地区的堂屋及客厅的形制与内部装饰相差无几,具体的数据存在细微的差别,但会位于一定的区间内;客厅则由于地势因素,以及不同的梁架形式,建筑的底面、立面以及屋身的形式会接近于某一几何图形,从而达到内在的统一性。通过梁架数据,可以发现一些梁架与建筑空间之间存在一定的比例关系。如表5-4所示。

---

① 李允鉌.华夏意匠:中国古典建筑设计原理分析[M].天津:天津大学出版社,2011:213.

表 5-4　徐州传统民居金字梁与内部空间的比例关系　　　（单位：mm）

建筑名称	步架/步举	梁高/柱高	梁高/梁深	梁深/梁距	柱高/梁距	屋身高/屋身阔	整体高/整体阔	材厚、宽与等级
余家堂屋	1.42	0.57	0.47	1.22	1.01	0.45	0.66	135、102、8
郑家堂屋	1.30	0.59	0.64	1.30	1.14	0.35	0.50	132、105、8
翟家堂屋	1.33	0.57	0.50	1.22	1.06	0.52	0.73	135、103、8
吴家堂屋	1.32	0.51	0.43	1.27	1.14	0.40	0.60	135、103、8
刘家堂屋	1.37	0.52	0.41	1.28	1.12	0.41	0.60	132、102、8
魏家堂屋	1.40	0.51	0.43	1.27	1.14	0.43	0.58	125、93、8
苏家堂屋	1.38	0.53	0.43	1.26	1.11	0.40	0.54	123、104、8
崔家堂屋	1.15	0.41	0.50	1.80	1.90	0.62	0.96	150、110、8
民俗馆堂屋	1.13	0.45	0.44	1.83	1.92	0.63	0.81	120、95、8
民俗馆客厅	1.16	0.60	0.50	1.82	1.90	0.63	0.80	120、95、8
酱香院堂屋	1.16	0.39	0.48	1.83	1.89	0.63	0.95	125、102、8
酱香院客厅	1.15	0.41	0.48	1.82	1.88	0.63	0.81	130、102、8
蒋家堂屋	1.37	0.50	0.44	1.84	1.89	0.63	0.83	135、105、8
蒋家客厅	1.15	0.43	0.44	1.83	1.92	0.63	0.98	130、105、8
颜家堂屋	1.35	0.50	0.44	1.86	1.93	0.67	0.83	125、103、8
颜家客厅	1.17	0.42	0.48	1.84	1.89	0.65	0.97	130、105、8
吴家客厅	1.10	0.42	0.49	1.79	1.88	0.61	0.86	130、108、5

由于建筑的层数不同，金字梁架的相关数据也不同。通过对表 5-4 分析可以得出如下结论：

一层建筑的金字梁数据为：

① 举架数据位于 1.30～1.42 之间，近似于 $\sqrt{2}$ 比例；

② 梁架的高宽比位于 0.50～0.77 之间；

③ 梁架高与柱高之比位于 0.51～0.59 之间，即梁架高多为柱高的 1/2；

④ 当心间的底面深宽之比（梁架进深与梁架间距之比）位于 1.22～1.30 之间，近似于 $\sqrt{2}$ 矩形；

⑤ 当心间的立面宽高比（柱高与梁距之比）位于 1.01～1.14 之间，近似于正方形；

⑥ 屋身立面的宽高比位于 0.35～0.52 之间，整体建筑的高宽比位于 0.50～0.73 之间（原因是各建筑的台基高低不同而出现差异较大）；

⑦ 大梁的厚约为 132～145 mm，宽约为 102～114 mm，属于八等材。

二层建筑的金字梁数据规律为:

① 举架数据位于 1.10~1.37 之间;

② 梁架的高宽比位于 0.44~0.50 之间;

③ 梁架高与柱高比位于 0.39~0.50 之间;当心间的底面宽比(梁架进深与梁架间距之比)位于 1.79~1.86 之间,近似于 $\sqrt{3}$ 矩形;

④ 当心间的立面宽高比(柱高与梁距之比)位于 1.88~1.92 之间,近似于 $\sqrt{3}$ 矩形;

⑤ 屋身立面的高宽比位于 0.61~0.67 之间,整体建筑的高宽比位于 0.78~0.83 之间(原因是各建筑的台基高低不同而出现差异较大);

⑥ 大梁的厚约为 125~150 mm,宽约为 95~115 mm,属于八等材;

⑦ 为了视觉上的美观性,大梁尺寸要大于叉手尺寸,而二梁的尺寸明显偏小,小于叉手尺寸。叉手的长是二梁的长与一步架之和。

2. 立字梁的空间尺度分析

徐州传统民居采用立字梁的客厅,由于地势原因,尺寸存在较大的差异性,因而所形成的内部空间体量以及梁架与空间的关系也存在较大差异。具体如表 5-5 所示。

表 5-5　徐州传统民居立字梁与内部空间的比例关系　　　　(单位:mm)

建筑名称	步架/步举	梁高/柱高	梁高/梁深	梁深/梁距	柱高/梁距	屋身高/屋身阔	整体高/整体阔	材厚、宽与等级
西花厅	1.44	0.49	0.52	1.24	1.34	0.43	0.61	250、160、3
积善堂	1.35	0.53	0.53	1.45	1.59	0.52	0.79	245、152、4
翟家客厅	1.22	0.48	0.50	1.32	1.59	0.52	0.71	242、150、4
郑家客厅	1.35	0.41	0.56	0.82	1.12	0.42	0.55	240、150、4
刘家客厅	1.34	0.41	0.53	1.34	1.58	0.52	0.79	239、148、4
苏家客厅	1.21	0.43	0.77	1.31	1.57	0.54	0.77	245、148、4
魏家客厅	1.24	0.43	0.57	1.29	1.60	0.53	0.81	245、146、4

通过对表 5-5 分析可以得出如下结论:

① 立字梁架的高度与柱高比位于 0.41~0.53 之间,梁架高多为柱高的 1/2;

② 当心间的底面深宽比多位于 1.24~1.45 之间;

③ 当心间的立面高宽比位于 1.12~1.59 之间;

④ 屋身立面的高宽比位于 0.42~0.61 之间,屋身立面近似于两个正方形组成;

⑤ 整体建筑的高宽比位于 0.55~0.79 之间,差异性较大的原因在于山势因素所致各建筑的台基高低不同;

⑥ 大梁的厚约为 139~250 mm 之间,宽约为 146~160 mm 之间,属于四等材。立字梁的用材要大于金字梁,尺寸也大于金字梁架。

第六章 徐州传统民居建筑装饰与建筑立面的度量关系研究

李允鉌先生认为"如果将建筑看作一门造型的艺术,或者说美术之一的话,研究它的兴趣和注意力就很自然地会落在建筑物的立面所呈现出来的图案和形状,以至它的整体视觉效果上。它的'美',它的'艺术',在大多数人的视觉中是通过它的'形'而产生出来的"。美就是和谐,而和谐则是对许多混杂要素的统一,使不同要素相互一致。因此,位于立面上的建筑装饰并非随意设置,而是在不破坏立面整体效果的原则下相互协调,最终达到和谐统一而形成立面形式的秩序。因此,本章研究徐州传统民居建筑立面上的建筑装饰是以什么形式设置,并遵循什么法则而统一于立面之上,形成立面形式的秩序。分析位于立面之上的结构性装饰构件尺寸,探究其与建造及立面构图之间是否存在限定关系。

一、徐州传统单体民居的立面图式

正是在"身体—环境图式"的作用下,中国传统建筑单体具有四大特征:建筑单体的"墙化"、建筑单体类型单一化、建筑单体等级化以及建筑单体"文本化"①。徐州传统民居的单体建筑在立面上由三部分组成:下部为台基,中部为屋身,上部为屋顶,即"三分构成"②。北宋《木经》中有"凡屋有三分。自梁以上为上分,地以上为中分,(台)阶为下分"的划分标准。李允鉌在梁先生的"三分构成"的基础上进一步指出:"中国建筑立面构图是一个合成体,可分可合,和平面布局的组织原则完

---

① 建筑单体的"墙化"是指在院落中,单体建筑如同院墙一样,承担了院落空间的分割和围合功能;建筑单体类型单一化则在于"采用了一种灵活性很大的通用式设计",使得中国建筑单体呈现出几乎千年一贯的形态;建筑单体等级化,是指古代中国等级思想指导建筑营造,无论开间数量、屋顶形制、建筑色彩等都与社会等级一一对应,建筑等级不能违背社会等级的规定;建筑单体"文本化"的基本原因在于,在"通用式设计"下,建筑单体是没有机会进行"造型"的,建筑个性和可识别性都非常弱,因而引入对联、匾额等文字化手段来建立表意系统。

② 建筑学家梁思成曾经对中国古典建筑的立面构图作过总结:"中国的建筑,在立体的布局上,显明地分为三个主要部分:(一)台基,(二)墙柱构架,(三)屋顶。任何地方,建于任何时代,属于何种作用,规模无论细小或雄伟,莫不全具此三部。"这个"三分构成说"影响广泛,且已被中国建筑界及大部分国外学者所公认。

全一致的"。中国建筑的形式不在于三段式的"三分",而在于三个部分的"组合",即为"三段式组合"。为此,徐州传统民居也逃不出此基本的"三分构成"的立面形式。

由于徐州传统院落为分离式庭院布局,单体建筑以"面"的形式存在居多,很少以完整的"三维"体量出现。因此,立面作为建筑壳体必然是营造的主体、表现的主题与装饰的重点。传统民居的屋身立面分为前檐立面、后檐立面和两山立面。前檐立面是正立面,无论建筑处于轴线的正位或是侧位,都是建筑的主要立面,而后檐立面与两山立面属于次要立面。本节重点研究建筑主立面上建筑装饰的构图形式,而对建筑背面与山墙面不作研究。

(一)硬山峻顶

1. 硬山顶

屋顶是中国传统建筑中最为显著、最具艺术美感与文化内涵的部分,是营造技术与人文艺术的完美结合体。从根本上说,屋顶的特异形式是出于建造的需求而设计的。由于古代的建筑材料抗腐蚀性较差,为保护墙体便出现了出格深远的大屋顶。但是,单纯的大出檐必然影响室内采光,而且暴雨时屋顶下泄的雨水容易冲毁台基附近的地面。于是从汉代起便出现了微微向上反曲的屋檐,晋代出现了屋角反翘形式,唐宋时产生了举折形式并沿用至明清时建筑屋檐。反曲或举折的形式可以将雨水抛得更远而保护台基附近地面。同时,反曲的形式在视觉上减轻了屋顶的笨重感从而产生气韵。一种屋身可以与多种形式的屋顶组合产生不同形象,这是由建筑物所在位置对"体量"的要求而决定。由于传统礼制的作用,传统屋顶被定型为硬山、悬山、歇山、庑殿和攒尖五种基本型。它们造型各异,等级严格并各具特色[①]。硬山式屋顶呈前后两坡,檐口平直,轮廓单一,屋面停止于山墙内侧,两山硬性结束,具有质朴、憨厚之美。其所具有的质朴特质正好符合严谨内敛的徐

---

　　①　这些屋顶形式是先民根据不同地域的气候、排水、遮阳等需求,经过长期的不断探索慢慢形成的。由于中国人的传统观念所致,屋顶不仅具有遮风挡雨功能,同时它也成为一种等级符号。官式建筑通过长时期的实践,从屋顶的基本型和派生型中,逐渐筛选出九种主要形制,组成了严密的屋顶定型系列,建立了严格的屋顶等级品位。按等级高低为序为:重檐庑殿、重檐歇山、单檐庑殿、单檐尖山式歇山、单檐卷棚式歇山、尖山式悬山、卷棚式悬山、尖山式硬山、卷棚式硬山。侯幼彬教授认为,庑殿顶呈简洁的四面坡,尺度宏大,形态稳定,轮廓中,翼角舒展,表现出宏伟的气势、严肃的神情、强劲的力度,具有突出的雄壮之美。歇山顶呈"厦两头"的四面坡,形态构成复杂,翼角张扬,轮廓丰美,脊件最多,脊饰丰富,既有宏大、豪迈的气势又有华丽、多姿的韵味,兼有壮美之美。悬山顶呈前后两坡,檐口平下,轮廓单一,显得简洁、淡雅,由于两山悬挑于山墙之外,立面较为舒放,具有大方、平和之美。卷棚式歇山把尖山式歇山的壮美揉成优美,降低了歇山的庄重感,增添了歇山的亲切感。卷棚悬山,卷棚硬山也同样起到柔和尖山式悬山、硬山的作用,增添了悬山、硬山的轻快感。在屋顶形制上,本着"上可兼下,下不得似上"的原则。转引:侯幼彬. 中国建筑美学[M]. 北京:中国建筑工业出版社,2009:84.

州人性格,因此徐州传统民居的屋顶主要为硬山顶形式(图 6-1),只有少数民居为歇山屋顶,如伴云厅(图 6-1D),翰林院腰廊则采用卷棚式屋顶。

A. 余家院内院屋顶　　　　　B. 馨香厅屋顶　　　　　C. 功名楼屋顶

D. 伴云亭　　　　　E. 吴家院屋顶　　　　　F. 临街楼屋顶

图 6-1　徐州传统民居屋顶

2. 峻顶

虽然屋顶的形式确定了,但是同种类型的屋顶因不同的坡度会产生不同的视觉形象。屋顶设计的核心问题是坡度,坡度由建筑进深和屋架的高度共同确定。《考工记》载:"匠人为沟恤,葺屋三分,瓦屋四分"[1]。屋架的高度称为"举",每步架的檩位举高与步架长度之比,即是举架[2](宋代称"举折",清代称"举架")。例如,五举架是指步架为一个单位,举高为 0.5 个单位的意思。民间匠师则把举架之法简化为"分水法"。即假设进深为一丈,举高一尺称为"一分水"(即 1∶10 的坡度),

---

　① 刘敦桢. 中国住宅概说[M]. 北京:建筑工程出版社,1957:36.
　② 据王贵祥教授考证,唐宋时期的屋顶举折是先确定举高,再逐次向下折,即"举而折之"。由于其举高已事先确定了,因而屋顶的基本轮廓线不会有太大的变化。但是,明清时代的屋顶做法,在思路上已经发生了改变。清代木结构并不事先设定屋顶的总举高,而是通过每一椽架的不同举高加以层层的积累。最初或许只有"五举",第二步架就是"六五举",接着会为"七五举",甚至"九举"的做法。这样使整个屋顶曲线呈现向上冲的高峻感。这种做法被称为"举架",即"举而架之"。唐代建筑的屋顶起举十分平缓,举高与总进深的比值大约在 1∶5.5。宋《营造方式》中举折关系是:殿堂建筑的屋顶举高可以达到前后橑檐距离的三分之一;而厅堂式建筑的屋顶举高可以达到前后橑檐距离的四分之一。转引:王贵祥,刘畅,段智钧. 中国古代木构建筑比例与尺度研究[M]. 北京:中国建筑工业出版社,2011:36.

举高二尺则称为"两分水"(即 1:5 的坡度),以此类推。相比较举架的计算方法,分水的计算方法来得简单,易于掌握。徐州传统民居的直坡屋面无举折,起架高35%左右,正脊两头微微向上翘,厚重感强。

据测绘数据及比对分水标准可知(图 5-4、5-5),翰林楼、余家堂屋、西客厅、积善堂、郑家客厅的屋顶均为四分水;翟家堂屋、郑家堂屋的屋顶为五分水。由此可知,徐州传统民居的屋顶多为四分水或五分水,属于峻顶范围,究其原因主要有两点:① 与徐州多雨多雪的气候特点有关。据地方志记载,徐州区域的春夏季节的东南海洋的暖气流带来了充沛的雨水,冬天则是寒冷多雪。为了便于排雨以及减少积雪对屋顶的损伤,屋顶采用此种形式;② 与徐州传统汉代建筑硬山峻顶的造型有关。

3. 厚屋脊

屋脊是屋顶的重要构成部分,有正脊和垂脊两个构成部分。正脊作为屋顶前后庇的交界处,在结构上属于不可或缺,在装饰上亦是重要表达构件。垂脊是庇与山墙的交界处,位置略次。多数徐州传统民居正脊的造型独特,即不是北方刚直的正脊,也不是南方蜿蜒的"燕子脊",而是采用"扁担脊"形式——正脊两端微微起翘并向外伸出,超出山墙边沿,形成了气韵生动感与视觉美感。据调研可知,这种正脊造型与南通传统民居正脊形式相似度高,但有别于苏南地区与徽晋地区传统民居的正脊形式。

徐州传统民居的正脊分为三种形式:花板脊、清水脊与片瓦脊。花板脊的两端起翘坡度很小,两端有吻兽。由尺寸为 450 mm×370 mm×150 mm 雕花砖组成,其中 5 块组成一个完整的画面,画面中心为盛开或含苞欲放的荷花或牡丹花;清水脊是用 3~5 层砖砌筑而成,屋脊两端微微上翘,构成从底至顶依次为太平板砖、滚字笆砖、燕翅笆砖及盖瓦;片瓦脊则是把青瓦直立并片片挤压向两边延伸,中间部分用几片青瓦空砌各种花饰,两端则是用青砖扁砌并逐渐上升起翘以形成气韵感。清水脊与片瓦脊的构件多是在施工时现场砍制青砖而成,但花板脊要提前进行烧制而成。

徐州传统民居的垂脊也独具特色。北方硬山建筑的垂脊末端向外弯出 45°,但不起翘;南方硬山民居的垂脊末端高翘,但不向外弯出。而徐州传统民居的垂脊,则是既向外弯出 45°,又高高地翘起,像振翅欲飞的鸟儿半张的双翼,是南北建筑风格在徐州交流融合的一个例证。

正是由于多数徐州传统民居的屋顶为峻顶,再加上扁担脊和硬山式所带来的"硬朗"感受,从而形成了"硬山峻顶"的形象特征。

(二) 安全厚实的屋身

在由墙壁形成的围合中,由于有形的存在,围墙的坚固以及空间体量间的均衡，从而给人一种安全感。为此，墙体在徐州传统民居中居于重要位置，它们形成了传统院落的构架，承担着分割和围护功能。墙体也具有礼制等级的规矩，其形式、高低与色彩取决于家主的社会地位，不可逾越建造。因此，墙体的装饰也就成为审美情感的表达载体。

1. 厚实外墙

徐州传统院落的外立面的院墙与建筑立面的墙体均比较朴实，多为青砖砌筑（图 6-2A、B）。最外墙体不开窗户或漏窗，一般只在入口建筑处开门并建门堂，具有强烈的封闭性和内向性。由于徐州的冬天很冷，为了抵挡寒风，传统民居的内外墙体采取里外两层的砌筑形式：内层为 300～400 mm 土坯，或砖坯，或碎石，或泥土与茅草；外面为青砖砌筑，这种筑墙手法俗称"里生外熟"。整体外墙体较厚，为500～600 mm。

墙体立面采用立顺与丁顺砌筑方法[①]，交互插接形成空斗。在空墙内有拉结巩固的地方时就采用下为 3～6 皮立砖砌筑，上部空斗部分每隔几皮就用平砌筑一至几皮卧砖。由于院墙不抹石灰，直接外露，因此有规则的砌筑方式容易形成图案美。同时，为了减轻墙体的自身载重，民居除门窗和楼梯使用木材外，其他部位均采用"上砖下石"的建造方法——墙体立面上分为两段，下部为石墙，每隔 1～2 块顺石加一丁头石，灰缝厚 5～7 mm，上部为清水砖墙的砌筑方式。

里生外熟的构墙做法造价低，保温好，但是砖墙与土墙之间的连接较差。为此，又采用在墙体内立木柱——墙内柱[②]，在墙体上钉入大铁钉——虎头钉和嵌入条石——印子石（图 6-2C）等方法来加固。虎头钉多用在墙内柱和大门两侧，钉身宽度 20 mm 左右，厚度 10 mm 左右，钉梢弯钩 50 mm 左右，长度服从清水砖墙的厚度需要。钉身穿过墙内柱两侧并弯钩和墙内柱牢牢结合，起到稳定墙内柱的作用。印子石则主要砌在梁下、转角等承重部位，与虎头钉、墙内柱相结合而有效地加固了墙体。由于印子石为条石，而且其色彩及尺寸均不同于青砖，有规律地分布于墙体中，起到了美化墙面的作用。特别是位于转角处的印子石（尺寸多为800 mm×200 mm×200 mm），表面平整，色质均匀，其作用如同西方建筑转角处的

---

① 顺砖是指砖块的长与墙面平行，而丁砖是指砖块的厚与墙面平行，平砌为扁，立砌为斗。顺扁、顺斗、丁扁、丁斗为砖的四种砌筑形式。

② 千百年来，中国古建筑体系都是以梁柱承重，墙壁只做空间围合之用，并不承担负荷的特点。虽然徐州传统民居还是采用梁柱结构，但是墙体与梁柱一起共同承载房屋的重量。徐州传统民居的多数立柱建于墙壁内，从外表看不出任何痕迹，这种独特的构造方法是有两点原因：① 徐州自古木材紧缺，为了节省木料，同时又要使建筑坚固，徐州人便将细小木柱置入墙体中。而且，这种做法可以利用墙体保护木柱免受腐蚀，延长使用寿命；② 将细小的木柱隐藏在墙壁中，增加空间的利用率。木柱建在厚墙体之中，上有榫头插入梁头上的卯眼，下面放石块垫在底部防潮。从力学方面讲，由于大梁的后端插入墙体，墙体也承担了部分屋面的重荷，因此墙内柱的结构作用减弱，其断面的直径可以小于 120 mm，一般采用杉木粗加工制作而成。

隅石①一样，既可加固墙体，又有装饰作用。

图 6-2　徐州传统民居墙体

---

①　隅石是一块块大小交替的粗糙石块，它们沿着建筑转角呈条状堆砌，使得建筑转角明显。这种做法原是英国乡村住宅中为使建筑四角不被硬物擦碰损坏而采用的保护措施，后被建筑师勒费尔以结构化和艺术化等用来作为贵族府邸立面造型的形象语汇使用，不仅在建筑的转角，而且在门框上已有隅石，形成一些坚实有力的轮廓线，成为一种建筑立面的装饰手法。

徐州传统民居的山墙很少采用"封火墙"形式①,是由于各建筑之间相互独立并相隔一定距离,无需利用封火墙来防火。只有极少数民居的山墙形似徽州地区的马头墙,但其檐墙端部没有上扬的瓦砌造型——"马头",造型显得稳重古朴。而且青砖墙面的外表层没有用白石灰粉饰,露出青色的砖色,如同一幅观赏性极强的屏风,故称为"屏风墙"(图 6-2H)。南通、扬州及连云港的传统民居山墙多采用此形式。根据屏风墙垛的数量,可分为独立屏风、三山屏风及五山屏风。一般屏风墙的形式为中间檐墙高,两边檐墙低,左右完全对称;也有根据前后檐不同高度或整个立面均衡而采用不对称的形式。屏风墙不仅能防火,而且其外形高低错落,富有层次感,巧妙地装饰了山墙的立面效果。例如,李可染故居的东厢房的山墙(图 6-2G)采用徽式马头墙,有高高扬起的马头,显示出与徽州传统民居的渊源。

2. 厚门窄窗

门窗是建筑立面上的重要构成部分,不仅有沟通内外空间的作用,还具有防御性作用。由于中国历史长期处于动荡不安的局势之下,在房屋的设计中防卫的意义被一再强调。房屋的外墙(或围墙)被看作是一种求得安全的需要。因此,外墙上并不是可以任意开门窗的。由于历史上多战争的缘故,徐州传统民居讲究安全防护。宅门作为民居建筑最主要的通道,既是一种防卫的需要,又是界定宅院内外空间的转折点。调研分析,徐州传统民居的宅门(图 6-3A~C)多数都是厚实木板,门扇背面有腰杠石以加固之用。这种设计反映出徐州人具有强烈的防御意识。富贵人家的宅门多采用铁壳门形式(图 6-3D)——门扇、走马板及余塞板表面整体包上较厚的铁皮。铁皮包门比一般的木门扇更加牢固坚硬,具有更强的防御性。因此,整体门户简洁、实用且安全。

院内墙体可以开窗户。徐州传统民居的窗户主要为支摘窗(图 6-3F),其面积小,形式与南通、扬州传统民居的支摘窗形式相同。支摘窗由棂条和边抹构成,中间没有绦环板,有棂条但无卧蚕。支摘窗分上下两扇,均可支出与卸下。通过白天与夜晚的支出与安装,可以灵活地起到接收阳光,通风干燥,也可以起到保温与保护隐私等的作用。支摘窗的里层为固定的窗棂条,外面由上下两块可以由下往上开启的木板。

3. 通透的客厅立面

中国传统建筑的"墙柱分离"的特点,使得屋身的围护无需承重而变得相对自由。但是它们会因气候、审美及其他因素,而采用不同的构造方式——或青砖墙

---

① 所谓"封火墙",是指将山墙高度上升超过屋顶与屋面,防止火灾时的火势蔓延以起到阻断作用。封火墙的形式起源于古徽州地区,由于超出屋顶的檐墙,层层叠叠,错落有致,加上上翘的瓦头犹如高昂着的马头,故又称"马头墙"。经徽商传播,封火墙形式蔓延到江南、湘南与岭南等人口密集、民居集中相连的地区,而且在形式上出现各式各样,有观音兜、蜿蜒的蛇形及其他形式。

A. 余家过邸

B. 翰林院洞门

C. 余家西过邸

D. 铁皮包门

E. 苏家过邸

F. 支摘窗

图 6-3　徐州传统民居的门窗

体,或全槛槅扇,或槛窗。徐州地域的夏冬两季长,春秋两季短,冬季寒冷,因此,徐州传统民居的构筑以解决冬季寒冷为主导向,单体建筑三面严封以御风寒,庭院则开阔以纳阳光。徐州大部分传统民居的单体建筑的屋身立面的处理是比较平淡的,除了柱础、青砖墙体、门窗和墀头外,少有装饰构件,其主要原因是忠实于功能的需要。多数客厅屋身的南向立面为全槛槅扇,或半槛槅扇或槛窗形式,它们实质是柱与槅扇或槛窗组成的较为灵活的隔断。其中,明间开 6～8 扇槅扇门,左右次间开 4～8 扇槅扇或槛窗,并以联排形式占据整个屋身立面。当门窗全部开启时,室内外空间贯通,将庭院景色完好的纳入室内,而且形成良好的空气流通。当门窗闭合之时,立柱与精美的门窗槅扇成为整个立面的构图。由于立柱与槅扇同色,而且凸出的程度较小,因此立柱的垂直线条被弱化了,与门窗融为一体,似一条垂直粗线条(图 6-4)。

(三) 高大厚实的台基

台基是中国建筑独特的建筑形制之一,它是将房屋高出地面的方台。《墨子·辞过篇》记载:"古之民,未知为宫室时,就陵阜而居,穴而处……室高足以辟润湿,边足以圉风寒,上足以待雪霜雨露。"由此可知,台基出现的最初原因是为了防潮、防洪及防涝。随着春秋时期的观天象以察祥瑞而兴起构筑高台,到秦汉时期因追求成仙而大肆建高台,从而形成了"以台高为尚"的固定概念,台基因而逐渐成为一

A. 积善堂

B. 西客厅

C. 腰廊

图 6-4　通透的客厅立面

种表明身份地位的象征。按封建礼制规定,三品以上官员房屋的台基高二尺(约为666 mm),四品以下官员房屋的台基高一尺(约为 333 mm),平民房屋的台基可以高一尺或者没有。

从构造上分析,台基作用不容小觑。由于木构建筑自身的缺陷,屋身的间架和屋顶的体量均无法过大,而台基有很大伸展空间从而可以形成大体量。在视觉上,台基可以为屋顶与屋身提供宽舒的、有分量的基座,避免因大屋顶带来的"头重脚轻"的不平衡感。而且,台基可以减少建筑物对地基的压力,避免下陷。

按造型分类,台基有两种:一种为平削方整的砖石,另一种为上下加枭混的须弥座台基。须弥座台基在唐朝时已经存在(见于壁画),宋代时有实物且详载于《营造法式》中,宋清两代的须弥座在造型上存在差异①。台基主要由台明、月台、台阶和栏杆四部分组成。而且,它的结构复杂,并非简单的"夯土而成"。

徐州传统民居的台基为平削方整的,没有须弥座类型,主要由台明和台阶组成。四面用石头砌筑,里面填土,上面铺石条或方砖以形成方墩造型。窑湾古镇的地势平坦,传统民居的台基多为 200~300 mm(即一尺以内);由于户部山的地势较高,坡度不一,民居的台基高低不一致,踩踏的级数也不一样,多者达 12~13 级,少的则 4~5 级。例如,翰林院三过邸有 13 级台阶②,高 2640 mm;而厢房则只有 2 级台阶,高 300 mm。在各类单体建筑中,堂屋的台基高度一般最高,多在 400~600 mm,而其他建筑的台基则低些,高度多在 200~400 mm。

同时,台基形制与级数有讲究,一般而言,中心院落的台阶为多级垂带踏跺(台阶),其次为无垂带踏跺(如意台阶),最次为礓嚓。由于地势因素所致,有的传统院落的前院中的单体建筑的台基高于后院的台基,但会在形制上低于后院,即采用如

---

① 清式须弥座台基与唐宋的比较有大不相同之处,清式称"束腰"的部分,介于上下枭混之间,是一条细窄长道。而束腰在唐宋时期却是整个台基的主体。唐宋的须弥座基一望便知是一座台基上下加雕饰,而清式的上下枭混与束腰竟是不分宾主,使台基失掉主体而纯像雕纹,在外表上大减其原来雄厚力量。须弥座各部的位置与尺寸都有规定。其各部名称,由下往上分别是圭角、下枋、下枭、束腰、上枭和上枋。

② 台阶等级依次为:御路踏跺、垂带踏跺、如意踏跺(无垂带)以及礓嚓。

意台阶,而后院多采用垂带台阶。而且,台基高低也会因空间环境大小而异。宋诫在《营造法式》中规定:如果院落面积较大,台基也应加高,但调整的限度最大不过六倍,亦即五尺四寸(约 1800 mm)。按院子的进深而调整台基的高度,其目的是为了维持视觉上的同一感。由于屋身的下碱与台基的材质相同,因而造成"高台基"的错觉。一般来说,越是重要的建筑,其台基所占的比例大;反之,台基所占的比例小。而且,多数民居台阶的垂带较宽便于放置花草盆景,在立面上给朴素单调的立面予以调节(图 6-5)。

A. 三过邸　　　　　B. 郑家堂屋　　　　　C. 魏家过邸

图 6-5　徐州传统民居高台基

综上分析,徐州传统民居立面图式为"硬山峻顶、厚实屋身、厚台基"。屋顶为硬山顶,多为五分水与四分水的坡度,形成"硬山峻顶"的视觉形象。并重视屋顶的装饰,有兽头、雕花板脊及迎风花边等,为三分中的重点;屋身外立面为青砖墙体,墙面上镶嵌印子石、挑檐石以及虎头钉等构件;宅门为木扇厚实且门洞狭窄,支摘窗尺寸小。客厅立面采用槅扇或槛窗形式;窑湾古镇的传统民居的台基较低,户部山民居因地势因素而多为高台基(图 6-6)。

(四) 原因分析

经过综合分析,笔者认为影响徐州传统民居形成这种立面图式的非物质原因主要为以下四方面:① 徐州传统文化因素所致。徐州是楚汉文化的发祥地,虽然历经两千多年的变迁,但楚汉文化的基因已经融入到徐州老百姓的血液中,也凝结在一座座传统建筑之中。② 战乱所致。徐州因其特殊的地理位置,自古就是兵家必争之地,战事连年不断,因此自古徐州人就形成一种高度的防御心理,建筑形成"厚墙厚门窄窗"的特点。③ 与徐州是运河重地,各地商贾云集于此有关。明代时期漕运繁忙,商贾云集,当时的户部山商业繁华,仅会馆就有 18 座。例如,余家祖籍安徽,翟家祖籍山西,郑家祖籍苏州等。因此,他们的住宅与建筑装饰既保留了原籍地的风格,又同徐州本地的建筑风格相融合。④ 与交往习俗有关。崔家明清两代出了 13 名官员,如庶吉士、太原知府与广州同知等。由于任职期间经常调动,他们把从各地的建筑艺术应用到老家的故宅之中,从而形成装饰特色。例如,腰廊采用江南的船篷轩形式;鸳鸯楼门罩上的斗拱架与山西民居的斗拱架极为相似。

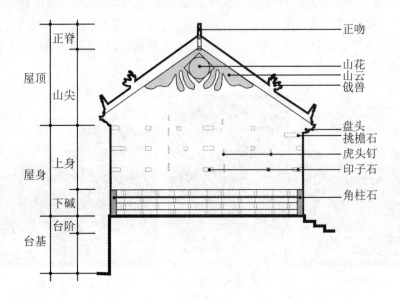

图 6-6　徐州传统民居立面图式

　　总之,徐州传统民居反映了中国传统民居的中庸之美或平常之美①,也是一种淡美,一种适度之美。

二、徐州传统民居建筑装饰的立面构图分析

　　建筑立面的构图,实质是指立面上各种建筑装饰之间的排布及相互关系,使它

---

① 《论语·雍也》认为"中庸之为德,其至矣乎"。中庸谓之中和与平常,进而归于正。朱熹曰"不偏之谓中,不易之谓庸。中者,天下之正色,庸者,天下之定理。"在"文"与"质"的关系中,人们所重视的正是一种不偏不倚、不狂不躁的端正态度,正色作为对象物的附丽,必须持之适度。"文质彬彬"即是装饰的审美尺度,也是装饰的一种审美境界。这种审美境界是一种不偏不倚的中正、适宜之境界,是一种以适宜之善为美的境界。在《易经》中,"中正"所标示的是宇宙生生不息的变化中时间和空间的适宜位置,中庸为中和与平常,因而适度之善美,亦是一种中和的平常之美,是与人日常的生活实际环境相和谐的平常之美,也是与装饰之物的接受者,装饰行为的承受者,装饰的对象自体所接受并与之适合相融的一般之美。平常之美,一般之美也是一种淡美,一种适度之美,这种美不是错金镂彩的雕缋满眼之美,是超乎其上的脱离了简陋、粗野的美(转引:李砚祖. 装饰之道[M]. 北京:中国人民大学出版社,1993:119)。

们以某种方式形成一个整体。正如柏拉图所认为的"构图就是发现和体现整体中的多样化"。建筑装饰主要分布于主立面上,两山立面所分布的建筑装饰的种类和数量很少。因此,对建筑装饰的立面构图分析,实质就是研究主立面上各种建筑装饰是形成对称或非对称,主次还是均衡关系。

(一) 对称式布局

据分析,徐州传统民居立面上的建筑装饰多以"对称式布局"形式出现。"对称式布局"是指立面上的建筑装饰沿着一条中轴线左右分布,左右分布的种类与数量相同,形成一种均齐的形式。从视觉上分析,对称式布局给整个立面增加平衡与匀称感,给人带来一种极为轻松的心理效应。

徐州传统民居立面上的建筑装饰在遵循对称的原则下,其自身的造型、体量及位置的不同,在立面上产生了不同的视觉效果——点线面①,从而形成两种立面效果:以"点"为主和以"面"为主。

1. 注重"点"的立面效果

官邸式单体民居立面上的建筑装饰依据中轴线左右均等的分布,形成了中轴对称的效果。例如,功名楼(图 6-7A、C)的屋顶部分左右对称地分布了插花云燕、垂脊兽及起翘翼角;屋身部分则左右分布了插拱与砖雀替;台基部分左右则为石门墩。这些建筑装饰构件沿着中轴线左右均齐分布,从形成了强烈的对称感。由于位置与体量的关系,它们都具有很强的视觉张力,形成了立面上的各个视觉焦点,从而使得整个立面形成"点"的装饰效果。虽然,雕花正脊、垂脊、细砖包檐以及迎风花边等要素具有"线"的方向感觉,但相对于吻兽与门墩等构件来说,"线"感非常弱,因而,功名楼立面的建筑装饰构图形成了"点"的装饰效果。

翰林楼(图 6-7D)、上院过邸(图 6-7E)以及堂屋(图 6-7G)的屋顶分布了正脊兽、垂脊兽与起翘翼角;屋身部分有插拱与砖雀替;台基部分为白色方形石门墩。它们均沿着中轴线左右均齐分布形成了强烈的对称感。

权谨院过邸(图 6-7B)立面,屋顶部分沿着中轴线左右分布了 2 组正脊兽、垂脊兽、走兽、起翘翼角及斗拱;屋身部分主要是左右墙体上的"忠孝名臣,中原首辅"的题字;下部为抱鼓石。由于一层入口为凹入型,内门洞的抱鼓石、格子挂落以及"天

---

① 俄国艺术理论家瓦西里·康定斯基(Wassily·Kandinsky)借鉴实验心理学的研究成果,以"显微镜式"的方法逐个分析了点、线、面元素的形式效应和它们之间的关联度。他认为"形越抽象,它的感染力就越清晰和越直接",在构图中,物质因素或多或少显得有些多余,多少会被纯抽象的形取而代之"。康定斯基分析的重点是这些元素所体现出的"张力"和"运动"。在他看来,点、线、面和色彩具有独立的表现价值,洋溢着生命的搏动并能组合成和谐的整体,最终能够清晰地表达出作者的内在感受。"点是最简洁的形,只有张力而没有方向;线是点在移动中留下的轨迹,线的各种变化取决于作用力的多少和方向的变化;画面在框定的范围内勾画出一个独立的实体。"转引:瓦西里·康定斯基. 艺术中的精神[M]. 李政文,等,译. 昆明:云南人民出版社,1999:130.

朝元辅"匾额均因居于其中而不凸显。虽然雕花正脊、细砖包檐与迎风花边等要素具有"线"的方向感觉，但效果不明显。因此，立面的建筑装饰构图形成了"点"的装饰效果。

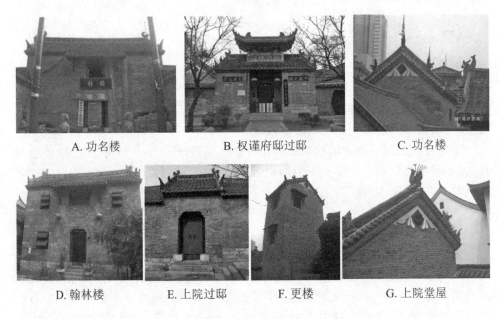

| A. 功名楼 | B. 权谨府邸过邸 | C. 功名楼 |

| D. 翰林楼 | E. 上院过邸 | F. 更楼 | G. 上院堂屋 |

图 6-7　徐州传统民居建筑装饰的立面构图形式

综上分析，由于位置与体量的关系，正脊兽、垂脊兽、走兽以及插拱等构件具有很强的视觉张力，形成视觉焦点，从而使得官邸式单体建筑立面上建筑装饰构图形成了"点"的装饰效果（图 6-7）。

2. 注重"面"的装饰效果

相对于官邸式民居而言，一般传统民居的建筑立面更显简洁，许多建筑装饰组合在一起形成"面"的效果，细分之有两种形式：一种形式是由于缺乏兽头装饰构件，门户成为青砖墙体立面的视觉中心，从而凸显出"面"的装饰效果；另一种形式是虽然有兽头装饰构件，但是由于存在大面积槅扇或槛窗的形式成为立面的视觉中心，从而凸显出"面"的自身效果。

第一种形式主要为商家过邸与堂屋立面建筑装饰的构图效果。例如，余家过邸（图 6-8A）采用类似苏南地区的将军门形式。在纵向上，虽然雕花盘头、青砖门楣、砖雀替门角及白色石门墩等装饰构件呈现对称式布局。但是，青砖门楣、砖雀替门角及石门墩共同位于门洞位置，从而形成一个装饰面效果。虽然扁担脊具有强烈的形式感，但是未形成装饰线。在横向三段式中，过邸重点突出中间区段，将一些建筑装饰集中在门户部分，而左右墙体素净，使得立面形象产生一种向中间靠拢的"向心力"。

A. 余家院过邸   B. 郑家北过邸   C. 李可染故居过邸   D. 郑家南过邸

E. 吴家过邸   F. 民俗馆过邸   G. 酱香院过邸   H. 翟家绣楼

I. 西花厅   J. 积善堂   K. 馨香厅

L. 翟家堂屋   M. 西堂屋   N. 待客厅

图 6-8 徐州传统民居建筑装饰立面构图形式

刘家北过邸(图 6-8B)的装饰构件以插拱门罩与大尺寸台阶为主。其中,插拱、砖雀替门角与白色石门墩为对称式布局。正脊为两端微微起翘的清水脊,缺乏正脊兽与垂脊兽的"点"效果。在视觉上,门罩、插拱、门户与台阶共同形成一个装饰面的效果。南过邸位于倒座房最南端,人口部分的装饰构件以门扇与大尺寸台阶为主。台基与屋檐之间的门洞周边用砖砌柱围护形成正方形,中间门扇采用扩大"精神尺度"的形式——加入余塞板和走马板,门前3级大尺寸的垂带台阶,整体形成"面"的装饰效果。

吴家过邸(图6-8E)、民俗馆过邸(图6-8F)的屋脊与毗邻建筑连为一体,两端略有起翘,缺乏兽头与山花装饰构件。一层楼高处设直坡门罩,门罩下的砖雀替、左右楹联及抱鼓石沿中轴左右对称式分布。同时,它们与字匾、雕花门楣及门罩一起共同形成立面的装饰重点——面的效果。

第二种形式是有正脊兽头、垂脊兽与山花等装饰构件,但是由于立面形式多为槅扇、或槛窗的形式而成为立面的视觉中心,才凸显"面"的效果。西花厅(图6-8I)的屋身立面为全樘槅扇,18扇槅扇雕刻精美而且面积大,从而成为视觉中心;屋顶部分虽然沿中轴线左右分布了插花云燕、垂脊兽、起翘翼角,并具有点的张力,但是它们与大面积的槅扇相比显得非常弱。因此,西花厅的立面装饰效果以"面"为主。同样,积善堂(图6-8J)、翟家与郑家客厅的屋身立面为全樘槅扇,12扇槅扇雕刻精美且面积大而成为视觉中心。虽然屋顶两端对称安装了闭口兽,檐下有雕花盘头,具有"点"的效果,但是,与大面积的槅扇相比而显得不凸出。因此,它们的立面装饰效果以"面"为主。馨香厅(图6-8K)、崔家待客厅(图6-8N)及翟家待客厅等,朝向庭院的主立面为8扇槛窗与6扇槅扇,玲珑通透且面积大,从而成为视觉中心。虽然清水脊、三层细砖包檐、迎风花边与雕花滴水具有线的方向感,但与屋身立面相比较而显得较弱。因此,它们的立面装饰效果以"面"为主。

综上分析,徐州传统民居建筑装饰的在立面上以对称式进行布局,形成了以"点"为主和以"面"为主的装饰效果。其中,官邸式单体建筑立面上的建筑装饰多形成以"点"为主效果,而一般民居的立面上的装饰形成以"面"为主的布局形式。立面形成装饰"面"的效果主要为两种:一种形式是由于缺乏兽头装饰构件,门户成为青砖墙体立面的视觉中心而凸显出"面"的效果;另一种形式是有兽头装饰构件,但是由于立面形式为槅扇或槛窗的形式,从而成为立面的视觉中心而凸显出"面"的效果。

(二)几何形构图法则

在《辞海》中,"法则"是指法度、方法、准则及规律。由此可知,法则因具有表率的作用,是它物可以效法的规律。从表象上看,匠师是按照自有的建造经验来安排立面上各种建筑装饰的位置与大小等要素,具有一定的灵活性。其实,在实际的营建过程中,匠师们是非常重视对整体的和谐与均衡的考虑。他们必定运用了一些构图法则来控制和调节立面上各建筑装饰之间的关系。如果缺失了构图法则,各要素之间的关系将会陷入混乱和失衡。基于这种法则的存在,各立面上的建筑装饰才能在各得其所的同时,保持整体的和谐关系。沃林格认为,由于人们在几何抽象所具有的必然律和凝固性中获得了心灵的栖息。几何抽象就像剔除了观赏主体一样剔除了一切对外物的依赖性,它是人类唯一的可想象和可谋取的绝对形式。为此,本节将运用传统几何图形(特别是黄金分割矩形①)以及黄金矩形来分析各建筑立面上建筑装饰之间的构图形式,研究它们是如何形成一个和谐的整体。

1. 基于传统几何形的构图法则

由于不同功能的建筑立面,其构图法则也不一样。为此,本节采用分类与个案分析法进行论证研究。

(1) 过邸立面

经过仔细分析,官邸式的功名楼立面(图 6-9A)的门户与台阶形成了黄金分割矩形 A,而且台阶的高度位于黄金分割点处。沿着两边披檐边线往下形成了黄金分割矩形 B。其中,字匾位于黄金分割矩形 B 的黄金分割处。矩形 A 与矩形 B 之间相互呼应,关系和谐。门楣处于整体立面的 1/3 处。左右空白墙体为狭长矩形,与中间的黄金分割矩形形成对比关系。功名楼的整体立面为 5∶4 矩形 D,显得端庄大方。插拱 K 位于整体立面的视觉中心位置,而且插拱尺寸较大,近似于整栋建筑高的 1/10。由于造型较为纤细且处于披檐的阴影下,因而不会显得太过突兀。斗拱的中心线正好位于由底边两端点与屋脊中心所构成的等腰三角形 E 的 1/3 处,也是整栋建筑高的 1/2 处。斗拱最低点位于以功名楼底边为直径的半圆弧 G 之上,而且高于左右披墙的屋檐线,具有视觉平衡感。

李可染故居过邸(图 6-9B)立面的门户与台阶形成了黄金分割矩形 A,檐下凹入空间为黄金分割矩形 B,整体门楼(包括屋顶部分)也为黄金分割矩形 C。它们之间相互呼应,形成了统一关系。檐下凹入空间的底边与屋檐中点形成等腰三角形 D,整体门楼的底边与屋脊中点也形成了等腰三角形 E。它们之间相互呼应,形成了统一关系。檐口位于整体建筑的 2/3 处,门楣位于整体建筑的 1/2 处,比例关系和谐,视觉均衡。

权谨院过邸(图 6-9C)立面的门扇为黄金分割矩形 A,整体门户为正方形 C,其左右墙体为黄金分割矩形 B,形成中间大、两边小的形状,构成了主次关系。左右部分没有开窗,无形之中增加了建筑的端庄稳重感。二层的彩画与屋顶造型构成

---

① √2矩形在中国广泛应用,而世界公认最优美的黄金比矩形反而很少采用,是有其工程与美学的考虑的。因为√2长度是由正方形的对角线求得,施工操作简单,一次出出,而黄金比矩形需经三次几何制图分割才能求出,数学计算更为繁复。再者,传统建筑是轴线对称直线形平面形制,√2矩形中间分割后仍为两个√2矩形,有无限推演相似形的便利;虽然黄金比矩形减去一个正方形,所余仍为黄金比矩形并可以无限推演至无穷,但其分割点的连线为偏心螺旋形曲线,因此黄金比矩形在传统建筑中应用范围极少。黄金分割创造和谐的力量来自它独特的能力,就是将各不同部分结合成为一个整体,使每一部分即保持它原有的特性,还能融合到更大的一个整体图案中。转引:王贵祥. 中国古代木构建筑比例与尺度研究[M]. 北京:中国建筑工业出版社,2011:44.

了黄金分割矩形 D。吻兽、仙人走兽、起翘均位于等腰三角形 G 的两边。建筑底角两点与屋脊中点，则形成了 2 个埃及三角形。整体的建筑立面为 4∶5 的矩形，显得端庄稳重。由于抱鼓石位于凹入式的门户前，在立面上具有不可忽视的意义。它处于黄金分割矩形 A 的黄金分割点处，给人以舒适的视觉感受。另外，抱鼓石与砖雀替门角一起形成特殊的图形，有助于减弱门洞的狭窄矩形所产生的冷峻感，在视觉上起到缓和的作用。

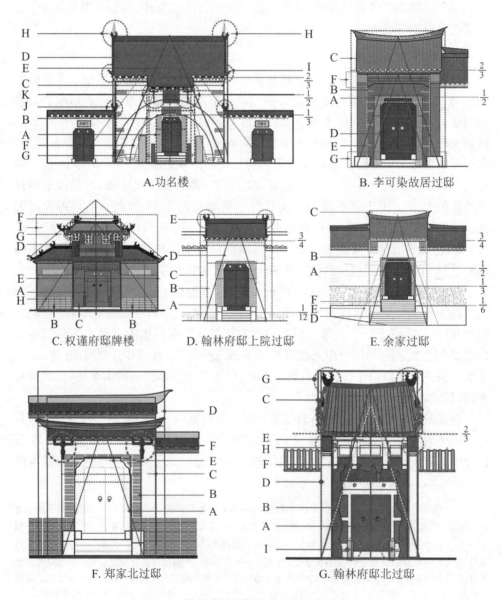

图 6-9　徐州传统民居过邸立面分析示意图

上院过邸(图 6-9D)立面的门户与台阶形成了黄金分割矩形 A,而且门墩的高度位于黄金分割处。屋身墙体立面(包括台阶部分)为黄金分割矩形 B,门楣位于黄金分割处;过邸的整体立面(包括屋顶部分)呈黄金分割矩形 C,冰盘包檐位于黄金分割处。从门户到屋身立面再到整体立面,它们均形成了形成黄金分割矩形,构成了严谨的比例关系。屋顶为整体的 1/4,墙体为 3/4,狭窄感强。

余家过邸立面(图 6-9E)简洁而有规律。左右部分没有开窗,形象严峻。门户部分形成黄金分割矩形 A,门墩位于黄金分割处。第二级台基至屋檐的中间墙体形成了黄金分割矩形 B,门楣位于黄金分割处。矩形 A 与矩形 B 之间形成了呼应与统一关系。门户与台基部分形成 $\sqrt{5}$ 矩形 F,整体立面(包括屋顶部分)形成了狭长的 $\sqrt{5}$ 矩形 C。矩形 C 与矩形 F 之间形成了呼应关系。连接台基两底点与屋脊中点形成的等腰三角形 D。屋顶占了整体门楼的 1/4,有助于形成狭窄感。而且,台基厚达 1200 mm,为整体的 1/6,下碱高为 1000 mm,为整体的 1/3,形成了厚重的底座,无形中增加建筑的浑厚感。

郑家北过邸立面(图 6-9F)的门扇为黄金分割矩形 A,门墩与斗拱中心的图形也形成黄金分割矩形 B,整体入口立面(沿着披檐两端、屋脊与墙底的面积)形成黄金分割矩形 C,它们之间形成呼应与统一关系。而且,台阶、门墩与斗拱 F 均位于各自矩形的黄金分割处。斗拱位于整体立面的 2/3 处,处于视觉最佳位置。连接垂带两底角与门罩中点形成了等腰三角形 E。因此,立面图形简洁明了,突出重点。

(2) 客厅立面

西花厅立面(图 6-10A)的屋身部分由 3 个面积均等的正方形 A 组成。槅扇部分的 3 个几何图形 B 不一样,左右为正方形,中间为 4∶5 的矩形(面积大于两边的面积)。虽然它们的图案一样,形式一样,但大小有区别,从而形成主次关系。整体建筑成黄金分割矩形 C,而非黄金矩形。连接两房角点与屋顶中点构成的等边三角形 E。因此,整体显得稳定端庄。

积善堂(图 6-10B)的屋身部分由 3 个面积均等的黄金分割矩形 B 组成,而槅扇部分为 3 个面积均等的正方形 A 组成,它们的图案一样,形式一样,没有形成对比。连接墙体两底点与屋脊中点形成埃及三角形 D,庄重稳定。屋顶(包括吻兽的高度)占据整体建筑高的 1/3,显得厚重。

翰林院待客厅(图 6-10D)的屋身部分由 3 个面积均等的正方形 A 组成,槅扇门的形状也为正方形 B,左右窗户也为正方形 H。整体建筑由 2 个黄金分割矩形 C,以及中间的狭长 $\sqrt{5}$ 矩形 D 共同组成了 $\sqrt{5}$ 矩形 G。左右部分的三角形 E 为黄金三角形,稳定感强,中间的三角形 F 比黄金三角形略狭窄。屋顶占据整体建筑高的 1/3,显得厚重。

馨香厅立面部分(图 6-10E)由 3 个面积均等的 4∶5 矩形 A 组成,方正感强烈。屋身与台基部分由 3 个面积均等的黄金分割矩形 B 组成。槅扇部分为黄金分割矩形 H,中间槅扇为正方形 I。虽然屋身 3 部分在面积上没有进行区别,但在形式上作了区分,形成了主次对比。连接墙体两底点与屋脊中点形成的等腰三角形 F,接近为埃及三角形,显得庄重稳定。中间槅扇门及台基部分形成的等腰三角形 D,接近黄金三角形。屋顶占据整体建筑高的 3/10,台基占整体建筑高的 1/10(显得较为厚重),屋身面积大,加上槅扇本身所具有的空透感,无形中扩大了屋身的视觉面积。

(3) 堂屋立面

翰林楼立面(图 6-10G)的门户与台阶形成黄金分割矩形 A,而且,台阶的高度位于黄金分割处。沿着披檐边以下形成 5:6 矩形 B(极为接近正方形),而左右墙体为 $\sqrt{5}$ 狭长矩形 C,形成视觉上的对比关系。整体建筑立面为 4:5 的矩形 D(相当于圆内切正方形),整体位于圆形 H 之内。连接两底点与屋脊的中点形成了等边三角形 E,因此,整体立面显得规整、端庄。

余家西堂屋立面(图 6-10H)中间的门廊为黄金分割矩形 A,两边墙体形成黄金分割矩形 B,它们之间相互呼应与统一。两柱之间的空间为黄金分割矩形 C,两边窗户与窗罩的几何图形为黄金分割矩形 D,它们之间相互呼应统一。装饰焦点——门廊、窗户以及门罩形成了为黄金分割矩形 E,而且,窗户位于黄金分割处。黄金分割矩形 E 的两底点与中点形成了埃及三角形 H。连接整体立面的两底点与屋脊中点形成了埃及三角形 I,它们之间形成呼应与统一关系。屋顶与下碱的高度各占了整体的 1/3,挤压了屋身的视觉面积。加上门廊的屋檐顶直接与檐口相接,以及窗罩的厚重感,立面整体显得较为压抑。

翟家堂屋立面(图 6-10K)由三个黄金分割矩形 B 组成,门洞及台阶形成了黄金分割矩形 A,台阶与门墩的高度也位于黄金分割处。整体建筑(包括起翘的翼角)形成了黄金分割矩形 C。台阶的两边线底点与屋脊的中点形成等腰三角形 E。连接两垂带底边点及屋檐中点形成的三角形 D 为黄金三角形。因此,翟家堂屋显得规整端庄。门楣的门高位于整体高度的 1/2 之上,加上下碱的高度,占了整体的 1/3,在视觉上挤压了屋身的面积。

(4) 腰廊立面

一进院腰廊(图 6-10C)的屋身部分,由中间的正方形 D 与左右槅扇的黄金分割矩形 C 组成,如此空间分割恰好有主次之分。整体屋身由两正方形 H 组成。门扇为黄金分割矩形 A,两柱子间的形状为正方形 B。整体建筑为狭长矩形,呈扁平形。两底点与屋脊中点连成的等腰三角形 G(与埃及三角形 F 极接近),给人稳定感。屋檐线位于整体建筑高的 3/4 处,台阶高为整体高的 1/8,各部分的比例相对协调。

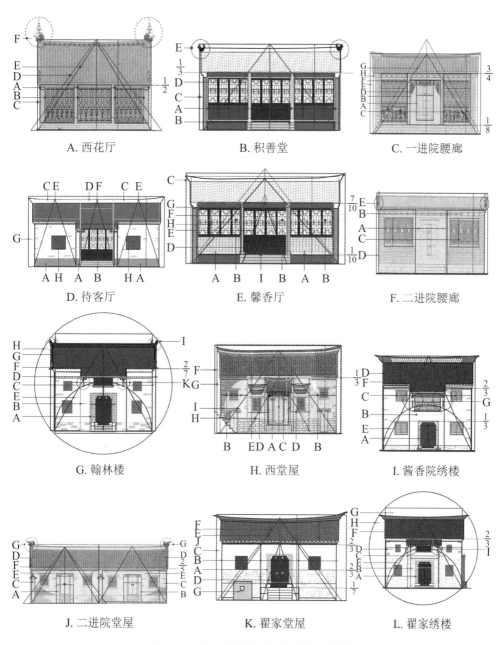

A. 西花厅　　　　B. 积善堂　　　　C. 一进院腰廊

D. 待客厅　　　　E. 馨香厅　　　　F. 二进院腰廊

G. 翰林楼　　　　H. 西堂屋　　　　I. 酱香院绣楼

J. 二进院堂屋　　　　K. 翟家堂屋　　　　L. 翟家绣楼

图 6-10　徐州传统民居立面分析示意图

图片来源:《户部山民居》、自绘

二进院腰廊(图 6-10F)的屋身部分由中间的黄金分割矩形 A 及两边的 4∶5 矩形 B 组成。两边大于中间部分,有视觉挤压感。整体建筑为狭长矩形 D,呈扁平形。左右两扇槅扇为黄金分割矩形 C,每小部分槅扇恰好位于黄金分割处。屋顶与台阶的高度相差无几,各占整体建筑高度的 1/8 左右,屋身占据了 3/4 部分,如此设计有助于扩大屋身的视觉面积,减少压抑感。

(5) 绣楼立面

翟家绣楼立面(图 6-10L)的门洞与台阶形成了黄金分割矩形 A。沿着斗拱中心线以下形成黄金分割矩形 B,它们之间形成呼应。而左右墙体为狭长的矩形 C。整体墙面形成了黄金分割矩形 D,斗拱位于黄金分割处。整体建筑近似于圆内切正方形 G,整体位于圆形 H 之内。连接两墙角的底点及屋脊的中点形成等腰三角形 E,而非黄金三角形或埃及三角形。因此,翟家北厢房显得规整与端庄。斗拱是视觉的焦点,其最低点位于以底边长为直径的半圆弧 E 之上,位于整栋建筑的 1/2 之处以及等腰三角形的 2/3 处,处于视觉的最佳处。一楼为石砌,高度为整体的 1/2,在视觉上容易与下碱基台阶相混淆,无形之中挤压了屋身立面的视觉感受。

酱香院绣楼立面(图 6-10I)的门洞与台阶形成的形状为黄金分割矩形 A,门墩没有处于黄金分割处,因此显得台基较薄。沿着披檐边线自下形成黄金分割矩形 B,小姐窗位于黄金分割处。而左右墙体为狭长 $\sqrt{5}$ 矩形 C。建筑整体形成了 4∶5 的矩形。连接两墙角的底点及屋脊的中点,形成的等腰三角形 F。因而,翟家北厢房立面显得规整、端庄。插拱是视觉的焦点,其最低点位于以底边长为直径的半圆弧 E 之上,位于整栋建筑的 1/2 处,三角形 F 的 2/3 处,处于视觉的最佳处。屋檐的高度及门楣的高度占据整体的 1/3,因此各部分的比例协调。

2. 基于黄金矩形的构图法则

李家门楼立面建于清末民初,其过邸形式为中西合璧式。因此,其立面的构图设计与传统民居的立面构图有所不同。在立面上,拱券占整体建筑高的 1/4,屋顶高为整体的 3/4,屋檐高度位于整体的 1/2 处,分割较为完美。门扇为黄金矩形 A,椒图门环位于黄金分割处。一楼门洞的形状为黄金矩形 B,柱头位于黄金分割点处。拱券为黄金矩形 C,左右半弧位于黄金分割处。一层内的半拱形成的形状也为黄金矩形 H,两柱头分布位于黄金分割处。两砖柱之间的形状为狭长矩形 E,而整体门楼的形状为黄金矩形 D,而且,黄金分割处位于半拱的山花处。一楼左右墙体与砖柱形成了黄金分割矩形 I。一层门楼的门洞所形成的三角形 G 为黄金三角形,整体门楼两内底点与山花中点所形成的三角形为 H,近似黄金三角形,显得狭窄高峻。过邸三排砖柱与山花中点形成的三角形为埃及三角形。它们形成了很好的渐变式的构图规律而显得规整。因此,李家大楼的各部分装饰之间构成黄金矩形,而未形成黄金分割矩形,这或许是中西方建筑构图的最大区别之处(图 6-11)。

综上分析,徐州传统民居的过邸立面为 $\sqrt{3}$ 矩形或 $\sqrt{4}$ 矩形,两底点与屋脊中点形成等腰三角形;客厅与堂屋立面多数为 $\sqrt{5}$ 矩形或 5∶4 矩形,两底点与屋脊中点多数形成等边三角形。位于立面中的各装饰构件形成黄金分割矩形、$\sqrt{5}$ 矩形以及等腰三角形等传统几何图形的关系。其中,门户的各装饰构件共同形成黄金分割矩形，门楣、门墩位于黄金分割处。重要的斗拱一般位于以等腰三角形的底边为直径的圆弧的 1/2 处。

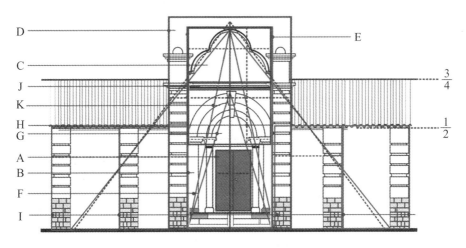

图 6-11　李家入口建筑装饰分布示意图

三、徐州传统民居非独立性装饰构件的立面尺度分析

古时的匠师在建造与雕刻之时，多是根据师傅传授的各种操作程序，严格按照先后秩序来进行雕刻，使得作品最后达到设计要求，是典型的"师徒相传，不重书籍"。正如梁先生所言"建筑学我国素称匠学，非士大夫之事。……然匠人每暗于文字，故赖口授实习，依其衣钵，而不重书籍"。虽然，中国传统建筑装饰的等级、大小与尺寸有着严格的规定，但是由于受到地域文化、匠师风格以及其他因素的影响，使得各地传统民居建筑装饰在造型、尺寸、比例与体量等方面会存一定的变数。再加上这些建筑装饰依附于建筑本体之上，与纯粹的雕刻及绘画艺术相比，更需要服从建筑与整体空间的需要。因而，建筑实体的体量决定非独立性装饰构件的造型与尺寸，从而形成一个系统性关系，即形成"建筑构件尺度—非独立性装饰构件尺度"的制约关系。

为此，通过分析测绘数据来探究位于立面上的非独立性建筑装饰的尺寸与立面之间是否存在相互制约的关系。据调研，徐州传统民居的非独立性装饰构件主要为插拱、雀替、墀头、门墩、兽头及山花。虽然，同类非独立性装饰构件的尺寸相差无几，但具体的尺寸还是有细微差别，而造成这种差别的原因有很多，对其进行深入研究有助于我们发现其本质。

（一）汉式插拱的立面尺度分析

斗拱是中国建筑构件中最具代表的结构与装饰性构件。其产生的根源是古代工匠为了将笨重的檐部出挑以保护屋身,而采用的多层曲木形式。斗拱是梁柱与屋顶之间的过渡部分,是将屋檐的重量直接或间接地传递到立柱之上。最初的斗拱是由柱头发展而来的,柱头比柱身粗一些便于承托上面的檩木或椽木。随后,柱头演变为"枅",并向上弯曲发展成为斗拱的雏形。此时,斗拱已开始脱离柱头而独立发展成为独立的结构性构件。历经千年的不断演变,加上不断融入各时期的文化及审美观,才逐渐演变成如今精美的装饰构件。例如,汉代斗拱的结构简洁,粗犷有力;唐代斗拱则浑厚雄壮,补间铺作有人字拱;宋代斗拱则精致、体量较大,每一补间有 1～2 朵铺作;明清时期的斗拱精致且体量小,补间的铺作增多,排列紧密有序,在方形坐斗上装配着众多方形小斗和弓形的拱,如团团云朵,表现出参差的秩序美。

经研究发现,徐州传统民居的斗拱采用插拱①形式,有异于其他地区的斗拱造型。其造型与汉代斗拱形式有密切关系。由于已在前文论证了它们之间存在着渊源关系,故在此不再赘述。此处的重点内容在于探讨插拱的尺寸与立面构图及建造之间是否存在耦合关系。

1. 斗拱结构

既然要研究徐州传统民居的插拱的空间尺度,首先必须研究斗拱的基本结构。无论复杂或简单的斗拱,其基本结构是一样的,主要由拱、翘、昂、斗、升组成。似弓形且位置与建筑物表面相平行的构件,称作"拱";形式与拱相同,但是方向与建筑物表面成直角的构件,称作"翘";与"翘"一样是纵向出挑的构件,称作"昂";在"拱"与"翘"的相交处,介于上下两层"拱"之间的斗形立方体,称作"升";在翘的两端,介于上下两层"翘"之间的斗形方块,称作"斗"。"升"与"斗"的区别在于它们的位置和卯口不同:"升"内只承受一面的拱或枋,只开一面口;而"斗"则承受相交的拱与翘,上面开十字口。

拱可分为正心拱和单材拱,与建筑物表面平行的拱称正心拱。正心拱一面向外,一面向里,在拱的纵中线上,要加上一道槽,用以安放拱垫板,正心拱要比单材拱厚得多;凡不在正心线上的都为单材拱。其中,在檐柱中心线以外者,称为"外拽拱";在中心线以里者,称作"里拽拱"。翘的长短以支出的远近而定,在下层的支出

---

① 插拱是一种檐下构成,因其直接插入墙体用来支撑屋檐的重量而得名。一般认为由擎檐柱演变而来。所谓擎檐柱是指在一些建筑物上作为支承雨蓬式屋面的柱子。从考古学资料来看,擎檐柱存在得很早,殷商时代的宫殿就有擎檐柱的遗迹,最初的时候是一檐柱对二擎檐柱,其后才发展成为一檐柱对一擎檐柱。有学者作过这样的推断,擎檐柱发展为落地撑,最后利用斗拱造成有雨蓬功能的出檐。再后成为腰撑,以至成为栾和插拱。

最少,越往上支出越远。每支出一层,在里外两面各加一排拱,称作"踩"。"踩"与"踩"中心线间的水平距离叫作一拽架(距离为 3 斗口)。昂的伸出部分叫作昂嘴,向里一端或曲卷如翘,或做成麻叶头或菊花头的雕饰。每一层悬挑,无论是下昂还是华拱均称作"跳",跳的数量从一到五不等。一道横向拱称作"单拱",两道称作"重拱"。一套完整的斗拱称作"铺作"(图 6-12)。

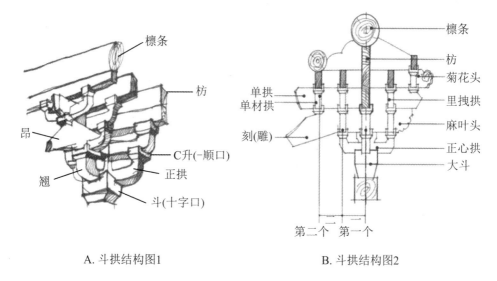

A. 斗拱结构图1　　　　　　　　　　　B. 斗拱结构图2

图 6-12　斗拱结构图

笔者一直纳闷,以古人的建造智慧,要想出挑屋檐完全可以不采用如此复杂的斗拱体系,而以其他更为简洁、有效的体系代之。据考证,中国传统建筑的桁架系统在汉代时期最为广泛使用的是斜撑,但是随着建筑形式与营造技术地不断成熟,斗拱系统逐渐取代了斜撑结构。这是为什么呢?汉宝德认为斗拱取代斜撑是由于中国古人不喜欢三角形,因而用矩形的斗拱替代。经过文献考证与斟酌,笔者认为斗拱之所以取代斜撑有 4 点原因:① 斗拱的出现与古人对树的崇拜有关。从汉画像石与汉墓石柱造型可以直观地感受到汉代粗壮的斗拱与柱子的整体造型就似一颗苗壮的大树,斗拱是树枝,柱子是树干。王贵祥教授也认为,斗拱的最初形成与原始人类受到树干出挑树枝的启示,《营造法式》中就有"转叶"或"不转叶"等说法。法式中称华拱为"杪","杪"即是树枝,唐代诗人王维就曾有"巴山一夜雨,树杪百重泉"的诗句。② 斗拱体系可以保护建筑物免受自然因素的侵害。榫卯结构使木构架柔韧坚固,有利于抵御地震,斗拱中大量节点中的相互摩擦对于阻抑和分散突然遭受震动时所受到的外力,特别是水平方向的破坏力是至关重要的。③ 由于斗拱可以是屋顶从墙面上方向外伸出许多,如果采用斜撑要达到此目的则必须采用大尺寸的斜撑,如此一来不仅对空间造成伤害,也影响了美感。④ 最为重要的一点是斗拱体系被证明是支撑屋顶重量最为成功的结构,也是最经济的方式。用大量的小部件所组成的支撑构架替代粗大的梁木,使得建造者可以最为充分地利用木材。因为它们减少了对长梁的需求,可以不必砍伐那么多的大树,也不需要长久等待树木生长到所需要的尺寸。通过减少跨度,梁的截面可以更细,因而可以采伐、利用更小的树木。由于建造者们使用了大量小巧的斗和拱。木材几乎没有浪费。作为一项附带的益处,构架的整体重量减轻了使得每个部分可以减少尺寸和重量,从而达到进一步的俭省[①]。这个观点在雷德侯先生《万物:中国艺术中的模件化和规模化生产》中获得支持。

2. 插拱的立面尺度

(1) 功名楼插拱

功名楼的插拱为三跳形式,即在第三层的华拱上安置座斗,座斗上安装厢拱和插梁,厢拱两端设置二个"升"以承托檐檩枋,称为"一斗二升"。插拱除了最上一跳有一层厢拱外,其余都是华拱(或昂)。整体实用简洁,结构性强,功能突出,不像清代官式建筑中的斗拱"装饰性大于实用性"。插拱位于墙内檐柱上,并和墙体共同受力,用以承托出檐。所以这种拱没有补间铺作,也没有复杂的几拽架,只有檐柱的相应位置才能设置插拱。这种插拱与《营造法式》《清营造则例》中的斗拱以及江南斗拱均不一样,是典型的汉代斗拱的模式,具有很强的地域特色,散发着浓郁的汉文化气息。

据实地测绘,功名楼插拱的数据为:最上面的厢拱长为 700 mm,厚为 50 mm,高为 100 mm;坐斗的长与宽为 110 mm,高为 200 mm;升的长与宽为 80 mm,高为 120 mm;一跳和二跳的升的长与宽均为 100 mm,高为 150 mm;梁头的高为 200 mm,长为 620 mm,在 200 mm 的地方做了江南的梁造手法"剥腮"。每根华拱的高为 100 mm,厚为 50 mm;一跳与二跳,二跳与三跳的距离均为 100 mm;第三华拱与最上的插梁的距离为 200 mm;整体插拱高为 900 mm,出墙的距离为 620 mm。最下的华拱出墙 200 mm,中间的华拱出墙 300 mm,最上面的华拱出墙为 470 mm。侧面上,插拱的整体形成了一个稳定的三角形结构,有力地起到了稳定的支撑作用。

如果按照《清工营造则例》的数据规定,功名楼插拱的尺寸数据应为:插拱厢拱的长 $=50\times7.2=360(\text{mm})$,高 $=50\times1.4=70(\text{mm})$,厚 $=50\times1=50(\text{mm})$;坐斗的长与宽 $=50\times3=150(\text{mm})$,高 $=50\times2=100(\text{mm})$;十八斗的长 $=50\times1.8=90(\text{mm})$,宽 $=50\times1.5=75(\text{mm})$,高 $=50\times1=50(\text{mm})$;槽升子的长 $=50\times1.3=65(\text{mm})$,宽 $=50\times1.7=85(\text{mm})$,高 $=50\times1=50(\text{mm})$。

相比实际测绘数据,功名楼的斗拱的尺寸还是根据实际需要进行了变化,增大

---

① 雷德侯. 万物:中国艺术中的模件化和规模化生产[M]. 张总,等译. 北京:生活·读书·新知三联书店,2014:154.

了尺寸。原因有两方面：① 批檐较重，出挑的深度较大，需要 3～4 个标准尺寸的插拱才可以承重。由于通行的原因，此处用以安装插拱的墙内柱只能为两根，中间无法再添加第三个墙内柱或檐柱，因此只有通过加大插拱的尺寸才能达到承重的效果。② 如果严格按照规定数据来制作插拱，或许在力学上不会存在太大的问题。但是在视觉上，过于纤细的插拱会让人产生无法支撑批檐重量的错觉，并有随时会塌掉下来的危险感，这与功名楼所体现的庄严不符。基于上述两点因素，匠师对插拱的尺寸进行了小幅度的调整。从正面看，虽然功名楼的插拱略微显得纤细优雅些，没有汉代斗拱的朴实浑厚之感，但从侧面看，插拱还是略显浑厚。如图 6-13 所示。

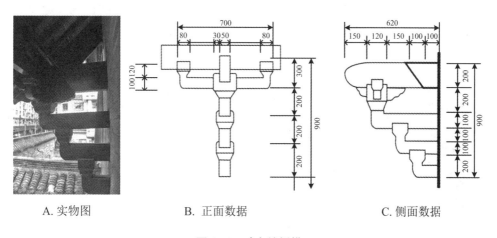

A. 实物图　　　　B. 正面数据　　　　C. 侧面数据

图 6-13　功名楼插拱

（2）郑家插拱

郑家插拱的结构与形式与功名楼插拱一样，为二跳的"一斗二升"插拱，但其造型比功名楼插拱精致。在第二层的华拱上置座斗，座斗上安装厢拱和插梁，厢拱两端设置二个升承托檐檩枋，称为"一斗二升"。座斗与插梁相交处有雕花替木，梁头雕刻云纹，而且做像鼻造型收尾，具有吴文化中"精雕细作"的风格。拱的最上一跳有一层厢拱外，其余都是华拱。整体实用、简洁，但是结构性强，功能突出。插拱位于墙内檐柱上，并和墙体共同受力，用以承托细砖门罩。

据实际测绘数据：

厢拱长为 500 mm，高为 50 mm，厚为 50 mm；坐斗的长与宽均为 120 mm，高为 200 mm；升的长与宽均为 60 mm，高为 100 mm；每根华拱的高为 100 mm，宽 50 mm；最下的插拱距离上面的插拱 100 mm，第二华拱距最上的插拱 200 mm（中间加了一个替木的缘故）。最下面的华拱出墙 200 mm，中间的华拱出墙 300 mm，整体出墙的距离为 450 mm。整个插拱高为 650 mm，从平面上，插拱的侧面宽高比为 3：5，接近黄金矩形。每根华拱为整体插拱的 1/6，显得粗壮。

比对《清工营造则例》中斗拱的数据，郑家院插拱的尺寸应为：厢拱的长＝50×

7.2＝360 mm,高＝50×1.4＝70 mm,厚＝50×1＝50 mm;插拱的出檐柱距离为6斗口,即长＝50×6＝300 mm;坐斗的长与宽＝50×3＝150 mm,高＝50×2＝100 mm;升的长＝50×1.8＝90 mm,宽＝50×1.5＝75 mm,高＝50×1＝50 mm;槽升子的长＝50×1.3＝65 mm,宽＝50×1.7＝85 mm,高＝50×1＝50 mm。

　　相比实际数据,郑家院插拱是根据实际需要进行了调整,但变化不大,尺寸也比崔家大院的插拱小了一号。斗拱的正面宽高之比为500：650＝10：13;斗拱的正面宽高之比为450：650＝9：13。从正面看插拱略显粗壮,具有汉代斗拱的朴实浑厚之感。插拱的宽度为500 mm,门罩的宽度为2400 mm,它们之间的比例约为1：5。插拱的高为650 mm,而垛墙的高为5000 mm,它们之间比例接近1/9。而且,斗拱距离地面2870 mm,正好处于整栋建筑的3/5处,是视觉的中心位置,以此来突出插拱的地位(图6-14)。

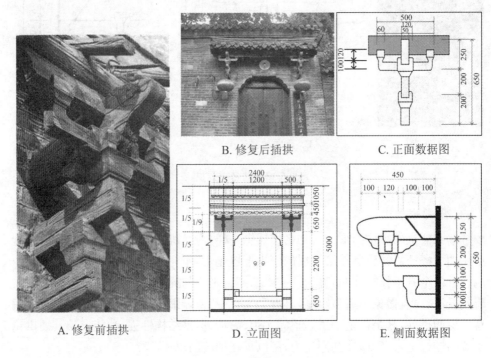

A. 修复前插拱　　　　　B. 修复后插拱　　　C. 正面数据图

D. 立面图　　　　　E. 侧面数据图

图6-14　郑家院插拱数据图

(3) 酱香院插拱

　　酱香院插拱属于典型的"偷心造"插拱——在出跳华拱的跳头(斗)上不设横拱的做法,又称为"不转叶"。王贵祥教授认为从造型上看,偷心造斗拱无疑显得比较古朴,结构形式也简率大胆。但是从结构的角度讲,"偷心造"的做法相当于一个层层叠起的薄片,虽然也能起到承挑的作用,却十分不稳定。随着出挑的跳数增加,也增加了结构失稳的危险性。在多次结构失稳的经验基础上,匠师们创造了在跳头上设横拱,以增加斗拱的横向稳定性的做法,即为"计心造"斗拱。如果将偷心拱想象成是一组从柱头上悬挑出来的薄薄的悬臂式挑梁,那么出挑的斗拱越多,挑梁就越高。由于出挑华拱的厚度是保持不变的,就会形成一个其高厚比值很大的薄片式挑梁,这对于挑梁的稳定性就构成了很大的威胁。在偷心斗拱上添加计心斗拱的做法是一个逐渐的过程。最初并不是在每一层华拱的跳头上布置横拱,而是采用了"隔跳计心"的做法。这样就可以在节约木料的前提下,初步解决出挑斗拱的稳定性问题。

据实际测绘数据:插拱的升的长与宽均为 60 mm,高为 100 mm;最下面华拱的高为 50 mm,宽 50 mm,长 400 mm;第二根华拱的高为 50 mm,宽 50 mm,长 600 mm;第三根华拱的高为 50 mm,宽 50 mm,长 800 mm;每根华拱相距 100 mm。插梁长 1300 mm,即为批檐的出檐进深。由于插拱的整体出墙为 800 mm,因此批檐的主要重量(或许可以认为批檐 2/3 的重量)由插梁承担,插拱主要起到稳定的作用(图 6-15)。

A. 实物图

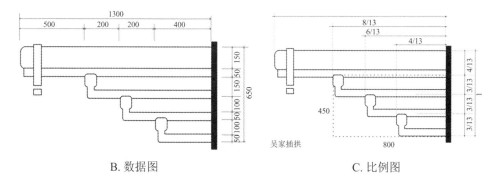

B. 数据图　　　　　　　　　　　　C. 比例图

图 6-15　酱香院插拱数据图

(4) 权谨院斗拱

牌楼面板中间的斗拱为三跳标准斗拱,由着斗、拱、华拱与升等四要素构成。

据实际测绘数据:厢拱长为 400 mm,高为 50 mm,厚为 50 mm;坐斗的长与宽均为 120 mm,高为 200 mm;升的长与宽均为 70 mm,高为 100 mm;每根华拱的高为 60 mm,宽 50 mm;最下的华拱距离上面的华拱 500 mm,第二华拱距最上的华拱 300 mm。最下的华拱中间有一彩画面板,中间的华拱出墙 200 mm,整体出墙的距离为 300 mm。整个组斗拱高为 1000 mm,宽 400 mm。立面上,插拱的侧面宽高比为 1:2.5,显得较为纤细。

比对《清工营造则例》中斗拱的数据,权谨院斗拱尺寸应为:厢拱的长＝50×7.2＝360 mm,高＝50×1.4＝70 mm,厚＝50×1＝50 mm;插拱的出檐柱距离为 6 斗口,即长＝50×6＝300 mm;坐斗的长、宽＝50×3＝150 mm,高＝50×2＝100 mm;十八斗的长＝50×1.8＝90 mm,宽＝50×1.5＝75 mm,高＝50×1＝50 mm;槽升子的长＝50×1.3＝65 mm,宽＝50×1.7＝85 mm,高＝50×1＝50 mm。

相比实际数据,权谨府邸牌楼的斗拱是根据实际需要进行了调整,厢拱变细,变长;坐斗变小;各跳之间的距离变大。究其原因,笔者认为主要有两点:① 由于牌楼顶挑出较深,加大斗拱各跳之间的距离,有助于形成良好支撑效果与视觉感受;② 由于面板彩画与"圣旨"字匾的存在,斗拱不宜做得过大,一则避免显得拥挤,二则避免抢了字匾和彩画的主体地位(图 6-16)。

彩画面板的 6 组斗拱(中间 4 组,柱上 2 组)是重要的视觉元素,它与正吻之间的比例关系较为重要。正吻高为 800 mm,斗拱为 1000 mm,它们之间的形成 4:5 的比例关系,关系和谐。虽然斗拱的尺寸有些大,但它的体量较小,而且三跳与二跳的距离较大,因此不会造成下坠感。如果斗拱的尺寸再稍小些,或许大小正合适,其与字匾及彩画部分会相得益彰。正吻的尺寸没有斗拱大,但其体量大,而且位于最高处,在视觉上形成稳重感。

徐州传统民居各插拱之间的差异较小,具体数据关系如表 6-1 所示。

表 6-1 徐州传统民居插拱数据   (单位:mm)

名称	斗	升	厢拱	三维尺寸	三维比例
翰林楼插拱	120、120、200	80、80、100	700、100、50	700、900、620	7:9:6
郑家插拱	120、120、200	60、60、100	500、50、50	500、650、450	10:13:9
三过邸插拱	120、120、200	60、60、100	550、50、50	550、650、450	11:13:9
穿堂插拱	120、120、200	60、60、100	550、50、50	550、650、450	11:13:9
门楼插拱	120、120、200	60、60、100	550、50、50	550、650、450	11:13:9
权谨院斗拱	120、120、200	70、70、100	400、50、50	400、1000、400	2:5:2

续表

名称	斗	升	厢拱	三维尺寸	三维比例
余家院插拱	120、120、200	60、60、100	550、60、50	550、750、450	11：15：9
鸳鸯楼插拱	120、120、200	60、60、100	650、50、50	650、750、500	13：15：10
酱香院插拱	0	60、60、100	0	800、50、450	16：1：9

A. 实物图

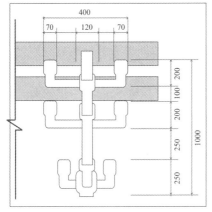

B. 正面数据图

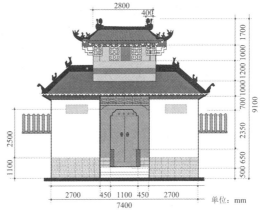

C. 整体数据图

图 6-16　权谨院插拱数据图

从表 6-1 的分析中可以得出如下结论：

① 取平均值,位于立面之上的斗拱的坐斗尺寸为 120 mm×120 mm×200 mm,升尺寸为 60 mm×60 mm×100 mm,厢拱的尺寸为 570 mm×50 mm×50 mm,三维尺寸为 560 mm×800 mm×500 mm,三维比 6：8：5,以两跳为主。

② 官邸式插拱的尺寸与跳数要大于一般民居的插拱尺寸与跳数。

③ 插拱位于屋身立面的 2/3 处，间距以墙内柱距离为准。

3. 原因分析

究其原因，徐州传统民居插拱的造型特色与徐州的地域环境以及传统文化有密切关系：① 地处楚汉文化中心的建筑装饰深受汉代文化及建筑艺术风格的影响。② 由于封建社会规定民间建筑"不许用斗拱及彩色装饰"。为此，徐州的达官贵人通过对斗拱进行"变通"的方式，以此来达到既显示自己尊贵的社会地位，又不会造成"僭越"的目的。③ 这种多层的插拱的结构更加坚固。多层插拱是用曲木层层垫托，每一层都承载一定的重力，增强了整体的物理荷载力。可以承载更多的屋檐重量，而结构更加稳固。④ 经济实用。孙统义老师认为徐州地区自古缺乏木材，古人为了节省木料而把支撑屋檐重量的木棒直接插入墙内，既经济又实用；同时也是因为徐州地区气候干燥，降雨量适中，屋檐伸出也无需过远，所以可以采用插拱结构来满足其要求。

4. 小结

综上分析，徐州传统民居的斗拱简洁有力，多为二跳或三跳的"一斗二升"插拱形式。而且，匠师对插拱的形态进行简洁化，删减不必要的细节，形成清晰的外形以符合观者的视觉舒适性。华拱转角采用圆弧处理手法，使得插拱具有简洁的团块结构，它们赋予插拱较强烈的视觉张力与活力，容易吸引观者的视线。正如贡布西里认为，人类视知觉往往偏爱具有简单结构的事物，如外形为圆形或直线以及其他的简单几何图形。经过对比翰林府邸、郑家院以及翟家插拱数据可知，斗拱中的预制木构件看起来好像都能够互相替换，但是精确的测量表明每组斗拱的每一个构件之间都有几毫米的差别。因此，装饰构件的绝对尺寸或因等级不同，或因承重功能的需要而不同。但是，它们自身各部分的比例则保持不变。因为在任何一节点的草率从事注定都会对整个建筑物造成诸多不良影响，所以各院的斗拱之间不可互换。徐州传统民居的插拱的形式为汉代式样，跳数是根据其承受的重量而定，插拱之间距离是以其固定的梁距而定。同时，根据建造及视觉的需要，插拱的尺寸相应地放大，而没有完全按照《营造法式》或《清式营造则例》中的相关规定执行，体现了匠师们的灵活性。

（二）砖雀替的立面尺度分析

雀替是中国传统民居中一种造型精美的装饰构件。由于斗拱已被神圣化，受到官方的限定，因而发展雀替来替代。宋《营造法式》中载"循额下绰幕方，广减阑额三分之一，出柱，长至补间，相对作梢头或三瓣头。"此处的"绰幕方"就是"雀替"。从麦积山的壁画中可知，其实在北魏时期已经出现雀替雏形，但直到宋代时它还只是柱上的一根拱形横木,装饰效果不明显。明代之时,由于封建等级制度被强化,雀替才被广泛地在民居中使用。到了清代,雀替已经成熟地发展为一种风格独特的装饰构件,从而丰富了中国古典建筑装饰的形式。

综合资料分析,雀替被广泛运用的主要原因有三:① 从建筑功能上,在梁柱交接处的边角加上了联结梁柱的三角形木块,一则可以防止交接处变形,二则可以加强应对水平构件产生的剪力;② 从视觉上,雀替作为一种位于惹人注目的装饰构件,它改变了梁柱之间形成的方形框架,使得空间的外框轮廓由直线转变成为柔和的曲线,甚至更为丰富自由的多边形,丰富了空间形式;③ 由于其不受官方的装饰等级限制,匠师们的设计情节得以发挥,出现了各异的造型,丰富了室内空间的形式,提升了品位。

1. 雀替的类型

在传统建筑中,处于相同位置并具有相同作用的还有梁托和撑拱①,有学者把它们归为雀替。梁思成先生将雀替主要归纳为六大类:大雀替、小雀替、通雀替、龙门雀替、骑马雀替和花牙子。

根据材质不同,徐州传统民居的雀替可分为两种:木质雀替与砖质雀替。木质雀替运用相对较少,为挂落处的木质小雀替、花牙雀替与骑马雀替。挂落处的木质小雀替为草纹龙造型,其主要功能是为了加固横枋与垂柱接口处的衔接,同时也丰富了空间形式,避免直角形式的出现。尺寸多为 300 mm×150 mm×30 mm 左右,工艺多为透雕的形式,纹样多为植物纹或草纹龙。例如,权谨府邸入口挂落的草纹龙(图 6-17A),动态遒劲、古朴,颇有汉代龙纹的遗风。龙头、龙身、龙尾更似植物叶纹形状,中间没有雕刻云纹,曲线感强,较薄且呈狭长形。雀替直接与挂落衔接,没有外框。郑家院过邸挂落的草纹龙更像扭曲盘旋的植物纹样。而北方草纹龙的龙头逼真,龙身与龙尾隐含在云纹中,外框有直线的木条衔接,整体显得刚劲有力。垂花门挂落的雀替,采用了草纹龙的形式,但更似植物卷纹,以似花的卷纹替代了龙头更显女性的妩媚。

骑马雀替主要位于两立柱之间,由于两柱间距小,形成了一个反马鞍形,好似人骑在马上,故称"骑马雀替"。翰林府邸西跨院腰廊的骑马雀替(图 6-17E),镶嵌在立柱上部的 1/3 处。尺寸为 2100 mm×1100 mm×30 mm。整体以绿叶、紫色葡萄结合蓝色回纹的透雕为主,左右两端的 1/3 处雕有牡丹、凤凰,采用浅雕刻与透雕相结合工艺。最外端是金色的鱼身龙头图案,金色的祥云线条缠绕外层。立面上,骑马雀替丰富了空间形式,增添了视觉美感,彰显了富贵地位。

---

① 撑拱是穿斗式民居建筑中檐柱与穿枋和挑枋之间的撑木。撑拱将相邻的构件拉在一起,又能将檐口的重力传到檐柱,使其更加稳固。撑拱在江南某些地方俗称为"牛腿",北方地区又叫"马腿",在官式建筑中,成倒挂龙形,被称为"雀替"。明朝初期尚简朴,撑拱仅仅是一根较细窄的能够支撑斜木的棍、杆形状,只在其上作非常简练的浅雕;明中期的撑拱演变成倒挂龙形;到了清代,撑拱又改为斜木形。

砖质雀替（图 6-17B、C、D）被大量运用于门角处，造型相似，工艺一般，没有江南、徽州、晋中以及北方雀替复杂细致。

A. 草纹龙雀替

B. 商家砖雀替

C. 刘家砖雀替

D. 吴家砖雀替

E. 骑马雀替

图 6-17　各式雀替

2. 立面尺度

《营造法式》中记载：造阑额之制：广加材一倍，厚减广三分之一，长随间广，两头至柱心。入柱卯减厚之半。两肩各以四瓣卷杀，每瓣长八分。如不用补间铺作，即厚取广之半。《清式营造则例》规定雀替：长＝明间净面阔 $\frac{1}{4}$，高＝$1\frac{1}{4}$ 柱径，厚＝$\frac{3}{10}$ 柱径。可见，上述尺寸规定是指木雀替的尺寸，而对砖雀替的尺寸却没有具体要求。为此，对徐州传统民居的砖雀替的尺寸研究需要通过实地测绘获得，并通过对其尺寸数据的研究，以希望寻找其尺寸确定的依据。

实地测绘数据：

郑家主过邸砖雀替的尺寸为 400 mm×400 mm×140 mm。宽约为三块砖的宽度（140×3＝420 mm）；高为四块砖的厚度（100×4＝400 mm）；厚度为一块砖的宽度 140 mm。其高与整体门洞之比为 400：2000＝1：5；宽之比为 400：1150＝1：3。在立面上，雀替的尺寸比门墩大。由于二跳"一斗二升"插拱与细砖门罩的存在原因，雀替的装饰效果不明显。

李可染故居厢房砖雀替的尺寸为 400 mm×410 mm×140 mm。宽约为三块砖的宽度（140×3＝420 mm）；高为四块砖的厚度（100×4＝400 mm）；厚度为一块砖的宽度 140 mm。其与整体门洞之比为 400：2400＝1：6；宽之比为 410：1400＝2：7≈1：3。其最具特色的是门楣上面的"字匾"，匠师用六块厚度较大的雕花砖作门楣，且宽度为门宽度的两倍。从上部与雀替底部齐平的部分用光滑的薄砖顺砌,周边用丁砖砌框。宽度为整体立面的 1/3,高度为 1/5。配上雅致的门扇造型,形成高雅低调的内涵,是吴文化"精雕细琢"的体现。

余家院过邸砖雀替的尺寸为 400 mm×400 mm×140 mm。宽为三块砖的宽度(140 mm×3＝420 mm);高为四块砖的厚度(100 mm×4＝400 mm);厚度为一块砖的宽度 140 mm。其高与整体门洞之比为 400∶2400＝1∶6;宽之比为 400∶1600＝1∶4。雀替的尺寸比门墩尺寸略大,与崔上院雀替的尺寸差不多。

余家穿堂砖雀替的尺寸一般,造型也一般,尺寸为 420 mm×500 mm×140 mm,即长为三块砖的宽度(140 mm×3＝420 mm);高为五块砖的厚度(100 mm×5＝500 mm),厚度为一块砖的宽度 140 mm。其与整体门洞之比为 500∶2500＝1∶5;宽之比为 420∶1260＝1∶3。其尺寸大于门墩的尺寸。其最具特色的是门前台阶,为垂带台阶,四级阶级,宽度 3500 mm,占整体立面宽的 1/2,高的 1/5。

其他徐州传统民居砖雀替的具体尺寸及立面尺度如图 6-18 与表 6-2 所示。

表 6-2　徐州传统民居砖雀替数据

名称	三维尺寸(mm)	与门洞宽之比	与门洞高之比
郑家北过邸雀替	400、400、140	1∶4	1∶5
余家过邸雀替	400、400、140	1∶4	1∶6
翰林院主过邸雀替	400、410、140	1∶4	1∶6
翰林院上院过邸雀替	420、410、140	1∶4	1∶5
李可染过邸雀替	410、400、140	1∶4	1∶5
李可染堂屋雀替	400、410、140	1∶3	1∶5
余家穿堂雀替	420、500、140	1∶5	1∶6
翟家堂屋雀替	410、400、140	1∶4	1∶5
翟家过邸雀替	400、400、140	1∶4	1∶5
余家堂屋雀替	410、400、140	1∶4	1∶5
郑家堂屋雀替	410、400、140	1∶4	1∶5
郑家三过邸雀替	400、400、140	1∶3	1∶5
刘家堂屋雀替	410、400、140	1∶3	1∶5
刘家过邸雀替	400、400、140	1∶3	1∶5
魏家堂屋雀替	410、400、140	1∶4	1∶5
魏家过邸雀替	400、400、140	1∶4	1∶6
苏家过邸雀替	400、400、140	1∶3	1∶5
苏家堂屋雀替	410、400、140	1∶4	1∶5

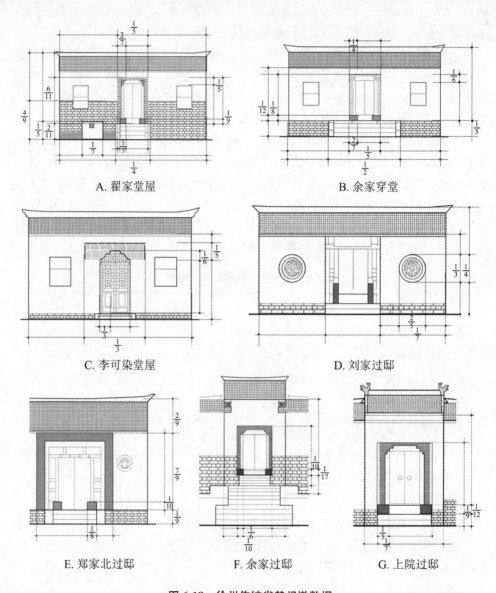

A. 翟家堂屋　　　　　　　　　　　B. 余家穿堂

C. 李可染堂屋　　　　　　　　　　D. 刘家过邸

E. 郑家北过邸　　　F. 余家过邸　　　G. 上院过邸

图 6-18　徐州传统雀替门墩数据

通过对表 6-2 的分析得出如下结论:

① 取平均值,徐州传统民居砖质雀替尺寸为 415 mm×415 mm×140 mm 左右。

② 砖雀替尺寸明显偏大,宽与门洞宽度之比位于 1/3~1/4 之间,高约占门洞的 1/5 且大于门墩的尺寸。

③ 由于在立面上,雀替的作用是与门墩一起改变门洞狭长的形状,起到了视觉缓和的效果。因此,我们从中可以推断出,匠师在营造砖雀替时是按照门洞的整

体尺寸需求以及视觉需求来确定砖雀替的尺寸,而没有以檐柱径为营造标准。

(三)方形门墩的立面尺度分析

经调研分析,徐州的门枕石分为两类:方形门墩与圆形抱鼓石,其中方形门墩居多,用于官邸式民居的堂屋、穿堂厢房与过邸之中,居住式民居只有堂屋有方形门墩,而一般的商居住宅则没有门墩。门墩采用扁方形麻石或白色大理石而非青石,内外等高,少有雕刻。左右开槽,插入门槛。

《营造法式》中记载:在石砧(门枕石)之制:长三尺五寸;每长一尺,则广四寸四分,厚三寸八分。由于多数方形门墩的造型一样,尺寸相差无几,为此选择具有代表性的几处民居进行实地测绘,其数据如下。

余家院过邸门墩的尺寸为 260 mm×240 mm×500 mm。其宽与整体门洞宽之比为 260∶1600≈1∶6,与整体墙面宽之比为 260∶2600＝1∶10,高之比为 240∶2400＝1∶10;与整体墙体立面的高度之比为 240∶4080＝1∶17。在整体立面中,由于重屋顶及高台阶的存在,门墩不是很醒目。

余家穿堂门墩的尺寸为 310 mm×360 mm×400 mm。门墩与整体门洞高之比为 310∶2500＝1∶8,与整体墙高之比为 310∶3720＝1∶12,与门洞宽之比为 360∶1260＝2∶7。

翰林院上院过邸门墩尺寸为 340 mm×320 mm×400 mm。门墩与整体门洞高之比为 340∶3000≈1∶9,与整体墙面高之比为 340∶4080＝1∶12,与门洞宽之比为 320∶1600＝1∶5,与整体墙体宽之比为 320∶2240＝1∶7。

郑家北过邸门墩的尺寸为 465 mm×360 mm×600 mm。门墩与整体门洞及台阶的总高之比为 470∶3300＝1∶7,与整体墙高之比为 470∶5640＝1∶12;宽之比为 465∶1860≈1∶4。在立面上,虽然有门罩、垂带台阶,但门墩的尺寸还是较大、显眼。

郑家南过邸门墩的尺寸为 310 mm×250 mm×600 mm,其与整体门洞高之比为 300∶3000＝1∶10,与整体门洞宽比为 250∶2000＝1∶8。

翟家堂屋门墩的尺寸为 270 mm×320 mm×400 mm。门墩与门洞高之比为 270∶2400＝1∶9,宽之比为 320∶1600＝1∶5。堂屋最醒目的是前面的房胆,其占整体墙面宽度的 1/7,高度的 1/5。

其他徐州传统民居砖雀替的具体尺寸及立面尺度如图 6-18 与表 6-3 所示。

表 6-3　徐州传统民居门墩数据

名称	三维尺寸(mm)	与门洞宽之比	与门洞高之比
郑家北过邸门墩	465、360、600	1∶4	1∶7
郑家南过邸门墩	310、250、600	1∶8	1∶10

名称	三维尺寸(mm)	与门洞宽之比	与门洞高之比
余家过邸门墩	260、240、500	1∶6	1∶10
翰林院主过邸门墩	350、320、400	1∶5	1∶9
翰林院上院过邸门墩	340、320、400	1∶5	1∶9
李可染堂屋门墩	270、320、400	1∶5	1∶9
余家穿堂门墩	310、360、400	2∶7	1∶8
翟家堂屋门墩	270、320、400	1∶5	1∶9
翟家过邸门墩	260、240、500	1∶6	1∶9
余家堂屋门墩	270、320、400	1∶5	1∶9
郑家三过邸门墩	300、400、420	1∶5	1∶8
刘家堂屋门墩	270、320、400	1∶5	1∶9
刘家过邸门墩	260、240、500	1∶6	1∶9
魏家堂屋门墩	270、320、400	1∶5	1∶9
魏家过邸门墩	260、240、500	1∶6	1∶9
苏家过邸门墩	260、240、500	1∶6	1∶9
苏家堂屋门墩	270、320、400	1∶5	1∶9

通过对表 6-3 的分析得出如下结论:

① 取平均值,徐州传统民居门墩尺寸位于 270 mm×320 mm×400 mm。

② 砖雀替尺寸明显偏大,宽与门洞宽度之比位于 1/5~1/6 之间,高约占门洞的 1/9。

③ 由于在立面上,门墩与雀替一起改变门洞狭长的形状,起到了视觉缓和的效果。因此,我们从中可以推断出,匠师在营造门墩时是按照门洞的整体尺寸需求以及视觉需求来确定尺寸,而没有以《营造法式》中的营造标准进行。

(四) 南北混合式墀头的立面尺度分析

1. 墀头造型

墀头是传统硬山屋顶的独特装饰,而悬山、庑殿以及歇山式屋顶则没有墀头装饰。墀头的位置是房屋左右墙体向檐部伸出的部分,两端檐柱的外山墙靠近屋檐口的墙面。依据梁思成先生《清式营造则例》的定义,墀头应该由下碱、上身与盘头三部分组成。下碱与上身部分是砖砌墙体,下碱为山墙的基座,多用质量较好的青砖砌造,讲究的房屋在下碱的正面用角柱石;盘头由多层方砖砌成,最上层的戗檐部分是墀头的重点装饰部位,常用砖雕出各种花纹图案或人物故事。盘头分为上、中、下三段。其中,下段用砖层层外挑,一层压一层,做成荷叶墩或混枭形式,逐层挑出山墙面之外;中段为一块斜置砖板,即戗檐砖,其下端位于荷叶墩之上,上端搭在屋檐下的连檐木上。墀头的装饰部分集中于盘头部分。

　　不同地域的传统民居的墀头,其造型与雕刻风格各异。北方传统民居的墀头,其装饰较为复杂,且这种装饰已经不局限于盘头部分而向下面延伸了。例如,山西民居的墀头,一般在方形的戗檐砖中心为突出的高浮雕团花或其他动植物造型,四周以边饰,枭混部分有丰富雕饰。如此无形之中扩大了盘头的视觉面积,因而效果显著。天津老城博物馆的墀头,在戗檐砖处雕刻着"喜鹊闹梅"的纹样,在枭混与挑檐砖处雕刻菊花和舞狮,体现华贵唯美的气息。江南传统民居的墀头也独具特色,例如扬州吴道公馆府的墀头,雕饰精美,拔檐处很薄,只有三四层细砖垒筑,戗檐砖的正面阔,用深浮雕形式雕刻戏文故事,廊壁处雕刻官员及家人赏花图,人物表情细腻;在枭混处加了须弥座,其中束腰部分雕刻植物纹样;在挑檐石的位置刻有梅兰竹菊的图案,整个墀头雕刻精细,富丽。

　　匠师们往往根据主人的喜好选择题材,并采用不同的工艺来雕刻墀头。例如反映主人意愿的"独钓寒江雪"与"鲤鱼跳龙门";反映对生命崇拜的"鼠戏葡萄""松鹤延年"以及"鹿鹤同春";反映科举获得功名的"状元及第"等纹样。例如"状元及第"墀头:右面墀头的画面中,最前一人鼓着腮帮吹唢呐。中间的状元戴"状元帽",左手拿着书,骑着高头大马,意气风发。后面的两人,一人敲锣,一人打鼓。远处的山峰、塔楼因距离遥远而采用缩小形体的处理方式。中景的松树采用了"装饰化"的处理方式,增加了画面意味;左面墀头的画面中,吹号的人与骑着马的状元以及坐在房中害羞等待的妻子,他们的神情都刻画得栩栩如生。房屋的装饰及特征也刻画得很精细,台基部分如鱼鳞的砌墙,如意纹的美人靠,装饰图案的花棂窗,平直的屋脊及起翘的屋角。中景的松树采用装饰化的手法,远山及亭台采用布景式处理(图 6-19)。

2. 墀头的立面尺度分析

　　徐州传统民居的墀头结构简洁,多为檐下雕刻,主要位于垂花门及过邸两边的砖柱上部。一般墀头的数据为:盘头部分高为 370～450 mm,宽 240～360 mm,厚为 260～300 mm;上身为 3000～3500 mm,下碱为夹柱石的高度为 600～700 mm,且厚出墙体 30 mm 左右。徐州传统民居所用砖的尺寸主要有三种:260 mm×140 mm×60 mm;230 mm×100 mm×40 mm;220 mm×80 mm×45 mm。而墀头的宽为 1 块或 1.5 块砖宽度。

　　具体测绘数据如下:

　　翰林院北过邸墀头的造型简单,拔檐为 5 层叠砖,戗檐砖平直,没有倾斜。盘头部分尺寸为 500 mm×700 mm,中心画面约为 450 mm×450 mm,主要雕刻"松

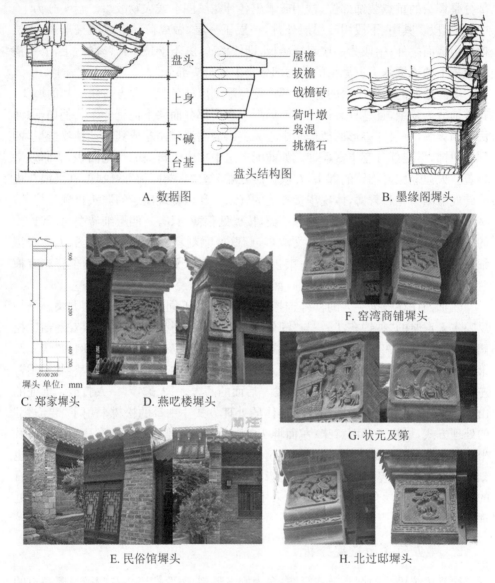

盘头结构图

A. 数据图

B. 墨缘阁墀头

墀头 单位: mm

C. 郑家墀头

D. 燕吃楼墀头

F. 窑湾商铺墀头

G. 状元及第

E. 民俗馆墀头

H. 北过邸墀头

图 6-19　徐州传统墀头

鹤"与"梅鹿"深浮雕。上身为 4500 mm,下碱的角柱石高为 600 mm。由于盘头是作为挂落的陪衬,因此尺寸不宜过大。但雕刻深度约为 40~50 mm,其在光影作用下,立体感强。

郑家客厅墀头造型简单,拔檐为 5 层叠砖,没有荷叶墩、枭混及挑檐石。戗檐砖平直,没有倾斜,而是直接砌在檐墙之上,给人不牢固之感。盘头部分尺寸为500 mm×240 mm×800 mm,中心画面约为 220 mm×450 mm,主要雕刻八仙之中的"花篮浮雕"。上身为 2500 mm,下碱为 600 mm,没有角柱石。

燕呓楼墀头的盘头为 5 层拔檐砖,没有雕花戗檐砖。盘头尺寸为 500 mm×300 mm,上身为 2500 mm,下碱为 1500 mm,没有角柱石。

民俗馆墀头的盘头形式与燕呓楼的相似,为 2 层拔檐砖,面积小;戗檐砖部分为雕花砖,下面枭混部分面积大。盘头尺寸为 400 mm×700 mm。上身为 2300 mm,下碱为 800 mm。

窑湾商铺墀头的盘头为 5 层拔檐砖,面积较大;戗檐砖部分为雕花砖,中心面积为 300 mm×300 mm。拔檐为 5 层叠砖,没有荷叶墩、枭混及挑檐石。直接横插一根木梁,既有巩固墙体的功能,又可悬挂商品。盘头尺寸为 300 mm×700 mm。上身为 2600 mm,下碱为 1000 mm。

徐州传统民居墀头的具体尺寸及立面尺度如表 6-4 所示。

表 6-4　徐州传统民居墀头数据图　　　　　　　（单位:mm）

名称	盘头(宽、高、厚)	上身	下碱	宽	局部比例
北过邸墀头	500、700、260	4500	600	500	1∶9∶1
墨缘阁墀头	500、650、260	3500	600	500	1∶7∶1
大祠堂墀头	500、750、260	2500	600	500	1∶5∶1
西客厅墀头	500、600、260	3500	600	500	1∶7∶1
积善堂墀头	500、500、240	3000	600	500	1∶6∶1
馨香厅墀头	450、600、240	3000	550	450	1∶6∶1
翟客厅墀头	450、600、240	2500	500	450	1∶5∶1
翟待客厅墀头	450、650、240	2500	500	450	1∶5∶1
郑客厅墀头	500、800、240	2500	550	450	1∶5∶1
燕呓楼墀头	500、300、240	2500	1000	500	1∶5∶2
权谨院客厅墀头	500、700、260	2500	600	500	1∶5∶1
窑湾商铺墀头	300、700、240	2600	1000	300	1∶9∶3
民俗馆客厅墀头	500、700、240	2300	800	500	1∶6∶2

通过对表 6-4 的分析得出如下结论:

① 取众数值,徐州传统民居墀头尺寸为 500 mm×600 mm×240 mm,上身尺寸为 2500 mm,下碱尺寸为 600 mm,宽为 500 mm,局部比为 1∶5∶1;

② 墀头的尺寸受建筑本体及建造所限制。

（五）兽头与山花的空间尺度研究

由于前文已对吻兽的造型进行了溯源,此处不再赘述。徐州传统民居垂脊上的走兽多为 2~3 个——龙、凤或龙、凤、狮子,而位于前面的是仙人或鳌鱼,大部分垂脊没有走兽。走兽的出现既有保护铜钉的功能所需,又可丰富视觉审美所要。

《清式营造则例》中规定垂脊兽的位置应对准梁架的正心桁,垂脊兽后部都在角柱以内,走兽部分悬挑于角柱之外。因此,无论从力学还是视觉上讲,垂脊兽的后部需要加厚,而走兽位置的垂脊则需要薄而轻。徐州传统民居的垂脊民居悬挑部分,按理走兽部分的垂脊也无需变薄,但出于视觉上的需要,这部分垂脊依旧变薄。

　　清代鸱尾(正吻)以柱高1/4来定高,宋朝鸱尾(正吻)为"八缘九间以上,其下有副阶者,鸱尾高九尺至一丈,若无副阶高八尺,五间至七间高七尺至七尺五寸,三间高五尺至五尺五寸。"功名楼的插花云燕的尺寸多为 3230(625(基座)＋ 521(兽身)＋2084(插花)) mm×834 mm×251 mm,造型极似明代状元花翎。兽头造型不仅增加了楼的高度,而且也提升了功名楼的艺术性与文化品位。而一般正兽尺寸为 521(基座为 625) mm×834 mm×251 mm;垂脊兽的尺寸为 520 mm×400 mm×251 mm,在整体建筑的立面所占比重不大。

　　在前文已论证了徐州传统民居的山花与山西传统民居的山花相似,但也存在一定的差异。徐州传统山花位于山尖处,与山花一起为三角形。以"双狮戏球""凤翔牡丹"以及"兰菊"为题材。同时,为突出山花的装饰效果,在山花周围用石灰白塑出"蝙蝠"形的"山云",寓意"福星高照"。从视觉心理上讲,一个形在空间中的定向和位置,并非无关大局,它们是格式塔的不可分割的性质,它们的"不规则"都会使其具备某种紧张力,因而会唤起人们修改它的欲望。因此在人的视觉中,见到居于高处的沉重的物体,心中就会产生挡住它的心理。而位于山尖处的山花采用圆雕工艺,体量大,在观者的心理会产生向下掉的不稳定感。为此,在其两边增加翅膀形的白色山云以产生向上的拉升感,以此达到视觉均衡。同时,山花与吻兽、垂脊兽、走兽及雕花垂脊等构件形成视觉上的呼应,丰富了侧面山墙的视觉形式。据数据分析,山花与山云一起部分约占山尖的1/4,约占斜边长的1/2;多数山花的尺寸约为 1500 mm×1500 mm×80 mm 的菱形,而且山花与垂脊兽位于一条水平线上,以保持视觉均衡(图 6-20)。

图 6-20　徐州传统民居的兽头与山花